[日] 平野甲贺 著

平野甲贺

K o u g a   H i r a n o

摄影师 ｜吉田亮人

平野甲贺　Kouga Hirano

简　介

平面设计师

/ 书籍设计师

1938 年 出生于父亲的派驻地京城（现·首尔）。

1945 年 撤退回日本，居住在静冈、东京。

1957 年 考入武藏野美术学校（现·武藏野美术大学）设计科。在学期间，于 1960 年获得日本宣传美术会特等奖。

毕业后，曾在高岛屋百货店宣传部、京王百货店宣传部工作。后成为独立设计师。在这一期间，结识后来一起工作的津野海太郎。

自 1964 年起，为晶文社几乎所有的书籍设计装帧，树立了该出版社的企业形象。与津野海太郎一起参加演剧活动（六月剧场 - 黑帐篷剧团），进行海报和舞台设计。

1973 年 创刊《仙境》（后改名为《宝岛》）杂志。

1978 年 与高桥悠治等人一起参加“水牛通信”“水牛乐团”的活动。

1984 年 为《本乡》（木下顺二著）设计的装帧荣获“讲谈社出版文化奖”书籍设计奖。

1992—1994 年 将自身设计的书籍装帧印刷成平版，在国内外举办个展“文字的力量”。

1997 年以后 担任《书与电脑》杂志的艺术总监。

2005 年 在神乐坂岩户町（东京）设立小剧场 IWATO 剧场，至 2013 年为止与妻子一起担任制作人。

2007 年 手绘文字字体“甲贺奇怪体 06”发售。

2013 年 10 月 在武藏野美术大学美术馆·图书馆举办“平野甲贺的工作 1964—2013”展。

2014 年 移居香川县小豆岛。

016 年 在中国台湾台中市举办个展。

017—2018 年 在京都 ddd 画廊、银座平面设计画廊（ggg）举办巡回展“平野甲贺与晶文社”展。

018 年 在上海市举办平野甲贺展。

019 年 搬到香川县高松市居住。

著作

《平野甲贺 书籍设计之书》（1985 年，Libroport）

《平野甲贺“装帧”术·心爱之书的形式》（1986 年，晶文社）

CD-ROM《文字的力量 平野甲贺的工作》（1995 年，F2）

《文字的力量》（1994 年，晶文社）

《描绘文字》（2006 年，SURE）

《我的手绘字》（2007 年，MISUZU 书房）

《书籍设计的构想》（与黑川创共著，2008 年，SURE）

《今日谈昨日事》（2015 年，晶文社）

平野甲贺

Kouga Hirano

摄影师 | 吉田亮人

目　录

02 汉字的前方有风景

03 汉字假名的混搭

04 关于手绘文字

05 绘画才能和文字才能

06 受益于戏剧

07 设计、生活和意见

08 在字体和手绘字之间

序

字随心相

吕敬人

写在平野甲贺先生的作品集出版之际

（读平野甲贺先生的文字设计有感）

30 年前的 1989 年，我在日本杉浦康平事务所学习的时候，杉浦老师送我一本《平野甲贺作品集》，我被书中一个个由独特手法书写的文字吸引：笔画构成的强对比极富张力，字与字之间缜密的紧迫感让你心动，一种强烈的视觉符号迎面扑来，令人读而不忘。几十年来这些魅力无穷的文字一直在我的脑海里回转，他设计的字体经常触发我创作的灵感。遗憾那时没找机会去拜访平野先生，没想到二十多年后的 2012 年，我受邀参加韩国的一个设计展，我的展区紧邻平野先生，我兴奋不已，终于见到了盼望已久的偶像，两个白胡子老头像久别重逢的兄弟相聚在展台前。2018 年托锐字家族字库的福，得以参观先生的“文字的力量”个展和有幸参加对谈会，又见到了 80 高龄却充满童趣的平野先生，对“平野流”字体又有了更深一点的理解。

·

平野先生 60 年代已经以手写文字的表现手法为书做设计，五十多年，七千余册创作量，令人惊叹，作品感染著者、编者、读者无数。可以看出平野先生不太满足于相对单一的印刷字体的应用，主观上有一种回归时代的意向，追寻如江户时代的女书，大正时代的时尚风格和 20 世纪二三十年代昭和的装饰风，或吸取昭和时代的电影文字等那种充满活力的文字，将传统的某种灵力和内在的张力融入他的当代字体创作中，并逐渐形成今天的“平野流”。他仰慕空海大师传教经书的心路，抱着僧侣修行抄写经文的心情，非常努力地设计每一个字。近些年创作的纯文字的实验性与艺术性相融汇的巨幅“般若心经”形成平野流派的又一高峰，他以自由奔放的创造力把汉字的造字方式作为进入世界文字体系中的另一个进入口，创造文字的旺盛活力源源不断，几十年如一日，真是不可思议，让我肃然起敬。

·

先生对于汉字甲骨、金石、篆书、楷体、草书兼修并蓄，对汉字的象形会意有着独特的敏感，也许相比西文的语音字母结构更具创造的诱惑力。他为每一本书设计字体时，被文字的灵魂所吸引，他曾说书写要做到“一心同体”，字形书写中一定要注入精神气，即日语中经常提到的“気になる”，追求文本精神与设计的同体合一。先生十分欣赏歌舞伎专用的堪亭流体，一见字就会想到场景中的声音、动作、台词，仿佛它近在眼前。他说：“如果能设计一种字体，一看就能够让人联想到它的氛围和内容，传递出一种知性的憧憬和文化的情趣语境，这才是我的目标啊。”为此他将每本书视为一种字体的行为艺术，记录下意欲宣泄的感情，如同演戏一般，把自己的书法以动的姿态在书的封面舞台上进行表演。创作于 1984 年的《本乡》设计是其标志性的代表作。此书获得当年日本讲谈社装帧大奖，也让更多读者认识平野风格的字体设计。他以手写字体为主导的设计语言广泛运用在封面设计上，甚至纯粹以文字作为传递的视觉元素。比如《晶文社译丛》浪漫富有变化，《纪实昭和史》字体有紧张、压抑、沉重感，《韩国抵抗歌集》充满诙谐幽默和活力，《夫妇的肖像诗集》流露出闲适的轻松感。好的范例，举不胜举。平野先生喜用黑体，他觉得无衬角的黑体字十分有力，简约不华丽，极具男性感。平野字体本身总带有强烈的感情色彩，是有生命的文字。书法，是以人的生命写成的，见字如见人。“人如其名”具有非同小可的力量。

此外，令人惊讶和感动的是平野先生用手写字体做设计的几十年坚持，如晶文社出版的书，几乎都由他操刀，一套文学系列或一个时期的出版风格贯穿始终，这在中国是不可思议的。一般出版社对一套书或一本杂志的设计风格坚持不了几年，朝三暮四，左顾右盼，喜新厌旧是常态，一套书的风格树立没多久，立马就要改口味。他面对不同的题材、著者、出版社和读者对象，既要满足客户的要求，又不看编辑的脸色，在每一本书中注入个人独到的看法，做到本本都出彩，又不同于过去的自己，像千利休（日本最负盛名的茶道流派创始人）一样不畏权力，坚持自我，一生不变。当然，平野先生的文字没有居高临下的优越感，对不同书从策划到编辑的意向、作者的气质、文体的风格、文风的倾向、读者的感受度，与编辑、著作者探讨。他谦虚面对客户要求和坚持自己的企图心，两者融合，获取共识，并赢得好的反响，可谓落地有声，这实在是需要设计者的定力、魅力和实力的，平野先生做到了。

当今的电子时代带来载体的更新，设计师已不需要书写文字这一过程，字体从字库里拿来就用，用尽心思创造具有个性的新字体反而会招来麻烦。为此当下出版物的文字应用存在千篇一律、纤细柔弱的问题，固化一统被视为标准的现象。因为不创新，这样安全好通过，造成有的出版人和编辑们的惰性。一般当代书籍设计师懒于设计文字，除少数对文字设计有兴趣的人，从而我们失去了汉文造字特有的丰富想象力，缺乏中文字体创新设计的精力投入。相比 20 世纪初新文化运动带来的文字创造力，我们当今的书籍设计师真有点自愧不如。我们从平野甲贺先生身上看到他把人生欲求全放在一门心思地做好字体设计上，不屈服功利，不随波逐流，赋予工作一点理想主义的坚持，这才能留下如此充满活力的、独一无二的、有力度的作品，真是读者们的幸运。

·

“锐字家族字库”拥有一群对中文字怀抱理想的年轻设计群体，充满创造新字体的激情，集积一批专业字体设计师、大学老师、编辑，乃至社会的字体爱好者。设计来自生活，活灵活现而别开生面的字体，让新时代年轻的受众感受字体之美。相信平野先生 “我觉得做自己喜欢的事，然后把它付诸这个行动，那么做出来的东西可能就会给大家带来感动” 的话语默默地在鼓励着他们。相信这本书的出版定会影响更多爱字之人，老祖宗留下来的文字不能只仅仅束之高阁于殿堂上，更应流淌于普通民众文化生存的传播中。

•

设计字体时要由衷对词语抱有真爱和尊重之情，字随心相，化成文字。这是我从平野甲贺的 50 余年文字创作经历中得到的感悟和启示。

2019 年 5 月 30 日

于 北京竹溪园

平 野 甲 贺

Kouga Hirano

摄影师 | 吉田亮人

平野甲贺
致
读者

2013 年，“平野甲贺的工作 1964-2013”展在我的母校——武藏野美术大学美术馆·图书馆举办。展览图册的开篇文章题为《手绘字的结构》，作者是武藏野美术大学视觉传达设计学科的新岛实教授。

“我曾想找一个词来形容平野甲贺的手绘字，却一直未能找到合适的。若是写成‘手绘字的构成’，就会漏掉一些关键的东西，自然更不会用‘手绘字的布局’之类的说法了。这时我忽然想到‘结构’这个词。与中国来的留学生谈起汉字或书法时，他们经常把‘文字结构好’作为名词使用，以此来讨论字形的好坏，而且会进一步解读书写者的精神。在日语里，小说的领域中也有‘文章的结构好’这种说法。不论是‘结构’还是‘构成’，虽然都有‘组建’这一共通的含义，我却能从‘结构’这个词中，感觉到人作为主体而存在。”

（节选自 新岛实《平野甲贺·手绘字的结构》一文）

文中提及的文字所发挥的作用很大。从书体，以及与假名之间的平衡中，可以看出手绘者的审美意识和能力。而且，作为文字本身的设计者，也必须对手绘出来的词和字的世界负责。

·

《平野甲贺 100 作》，也是从当初创作时书名含带的文脉中摆脱出来，排列而成的文字群。实际上是通过反复的琢磨，来探寻一个文字拥有的象形的可能性。

字体，必须像空气一样，可以放心地呼吸

平野甲贺

01 装帧与书籍设计

产地直销的设计

在京都ddd画廊举办个展的时候，邀请了作家黑川创先生与我进行开幕对谈。对谈中，黑川先生随口说了一句："平野先生做的是产地直销的装帧。"我吃了一惊：啊？还有这样夸人（或者说损人）的？我从来没期待过有人认为自己的作品是鲜嫩欲滴的新产品。不过，我手绘大量的标题，其中反复用到一些相似的设计。我一边用手戳着脑门想：这也太老一套了，却又都差不多按期交差了……所以，虽说不可能是全新产品，但确实是"产地直销"。我这样的工作方式，被如此评价也是没办法的事。

不管是书籍装帧，还是设计宣传单、海报、舞台布景、空间设置，速断速决是我工作的信条。就好像农夫一样，从地里拔出东西来就吃——如今我已经形成了这种肌肉记忆。话是这么说，但未必每次都能做得很出色。只不过一有想法我就先动手做，而不是先烦恼。况且我也做好了应对质疑的准备。正因为内容经过深思熟虑并受到剧目、标题的触动，才能创作出如此形状的文字。"今年毕竟是雨水太多啊……"这是产地直销店的客套话。尽管如此，这些东西是我精挑细选才拿出来的呢。

日々静穏

小島信夫

この本の装丁を依頼されたとき、この書名をどう扱えばいいのか迷った。先生の小説は雑誌などで二、三篇読んだことがあったが、そのときはとくに印象にのこらなかった。だが齢をかさね、つくづく日々静穏であれと願ういまとなって、この書名の暖かみがわかる。この文字のスタイルが後の「残光」へとつながっていくことになった。

I Hirano Kouga

ミラン・クンデラ
Milan Kundera

出会い
Une rencontre

ラブレー

セリーヌ

ドストエフスキー

ガルシア＝マルケス

カフカ

フェリーニ

西永良成訳

Hirano Kouga

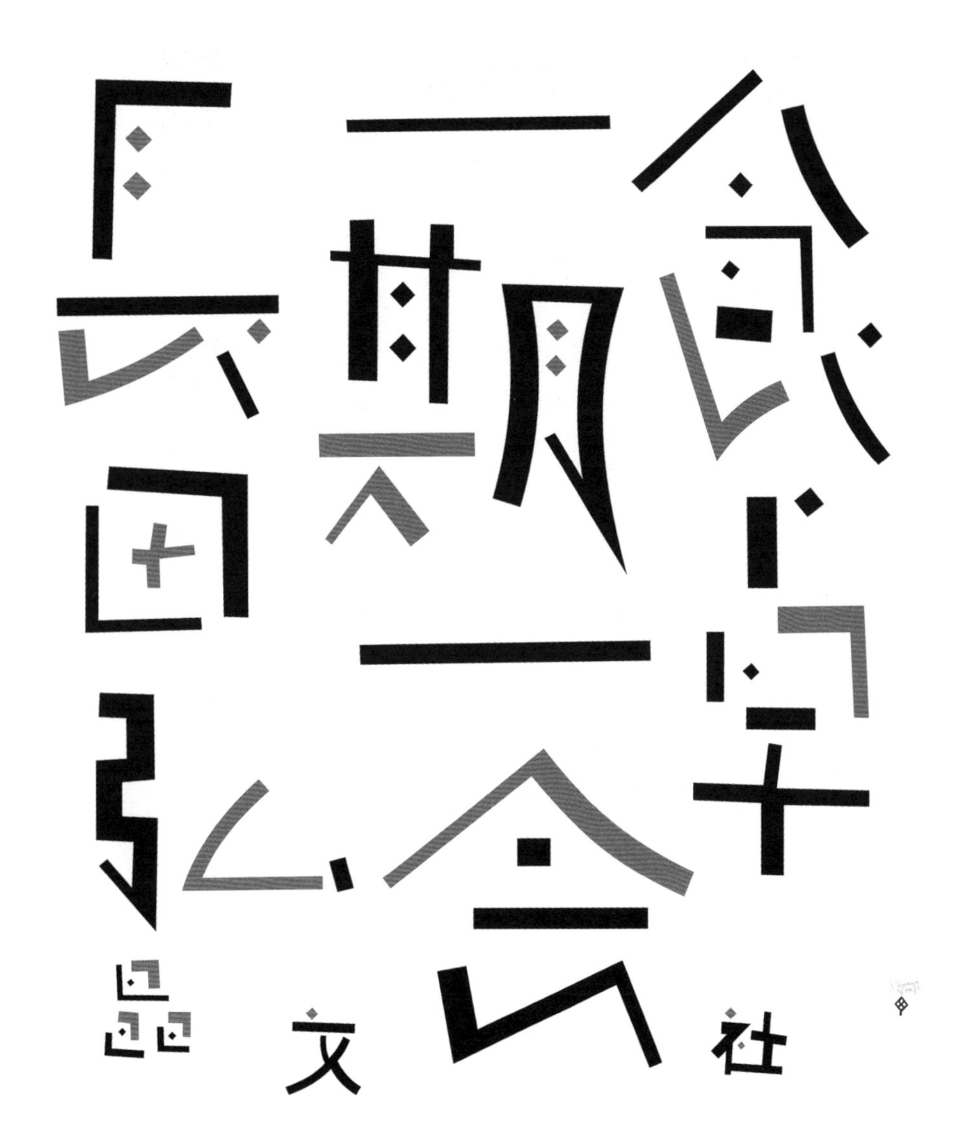
一期一会
文
社

01

装帧
与
书籍设计

装帧设计时脑海中浮现的面孔

我在做装帧设计的时候，如果是认识的作者，当然脑海中会浮现出作者的面孔。而且，像是编辑、出版社的社长，还有两三个我认识的与这本书相关的人员，这些人的面孔会最先浮现出来。对于我的装帧，他们会如何反应呢？比如，我把这里设计成黄色，他们会怎么想呢？等等，这些思绪会一下子回绕在脑海中。

◤ 《书籍设计的构想》

书籍制作是团队项目

虽然有的人把编辑和装帧设计这两种工作完全分割开来，但对我而言，这样的话无法进行设计。我总是一边和编辑聊着天，一边用各种方式试探出对方的心情：现在，他们是在怎样的状态下想要出版这本书？想以什么方式来推介这个作者？这些方针是我最想知道的。首先要有这一步，接下来才是技术性的内容。

当然，我并非想直接表现作者以及编辑的生活方式。但是，如果对于他们是怎样的人，在思考哪些事全都一无所知的话，是做不出好设计的。因此对于我来说，和编辑、作者交谈是一个重要的步骤。如果跳过这一步，只要求我单纯进行设计的话，我肯定要一筹莫展了。

◤ 书籍制作的周边《平面设计》
首刊 /《我的手绘字》

二〇一一年に出版された、ピアニスト高橋悠治の論集のための

パフォーマーは、ことばを空中にきざみこむペンとなって、よみ、うたい、舞う。どこでもない場所、いつでもない時、薄明かりとわずかな音。書くこと、書き続けること、細部にこだわりながら途切れることば、響き、動き、意味を持つ前の書く身体の身振りであり、意味や解釈ではなく、理解できなくても、あるいは、理解しようとするかわりに、ただ、限界線を引いて切り取ることば。とくにアフォリズムは、語源の通り、地平を限ることで、一般論や哲学や、まして教訓ではないだろう。それを書いた手の、そのときの状況に即して、行為の地平を限定すること。ことばは意味や解釈で言い換えるのではなく、そこから浮かび上がる音と影のような姿、夢見るような自分の声でない声、音階からはずれていく歌、遠くからきこえてくるような響き、唐突だが制御された身振り、反復されながらずれていく動作、目の前で夢を払いのける手を感じながら、はこばれていくだけ。

夢見る人のいない夢、突然の転換と停止。断片を断片として、始まりもなく終わりもなく、はじまったものは途中で中断され、流れの方向が変わる。

だが、これもまだぼんやりした期待、それと気づかずに失望がしのびこんでいるような。以前の二回の試みがそれぞれ一度限りのイベントに終わったように、今度も思ったようにはいかないだろう。もともとがカフカのノートブックのように、失敗の痕跡の集積を意図して創るのだから、予見をたえず裏切る展開、角を曲がると、どこかで見たようでもなじめない風景がひろがっているような、そんな幸運を望めないにしても、それだからいっそう。

高橋悠治　水牛「掠れ書き」より

日本語を作った男

上田万年とその時代

山口謠司

集英社インターナショナル

Hiraga Kouga

01

装帧与书籍设计

构思在素描簿上

《书籍设计的构想》

我的工作首先从用铅笔画草图开始。看，这就是月光庄画材店的素描簿。画十个字左右的书名或者剧目的文字，这个素描簿的尺寸刚好适合，而且能完全装进小号布袋里，在咖啡馆里翻开时也不会让人见怪，还能把它直接放在台式扫描机上，扫成“插画家软件（illustrator）”用的草图，非常简便。空白的地方又可以龙飞凤舞地记录些讨论的要点或想法，简直和学生时代差不离了。今后它也会一直在我桌上占据一席之地。

关于书名

《手绘文字》

书名很重要。我从事书籍设计的工作，认为书名变来变去是理所当然的事，因此并不着急进行准备。可是，当拿到《读后书籍之下落》这样精彩的书名，终于没忍住，赶紧开始画图，并且一鼓作气地进入扫描、正式下笔的阶段。接着就收到了电邮：“实在抱歉……”

词语真是微妙的东西。即使是相同的意思，因为选用不一样的词语，不仅语气会截然不同，形状也会发生变化。好吧，刚才我手绘的文字跑去哪里啦？

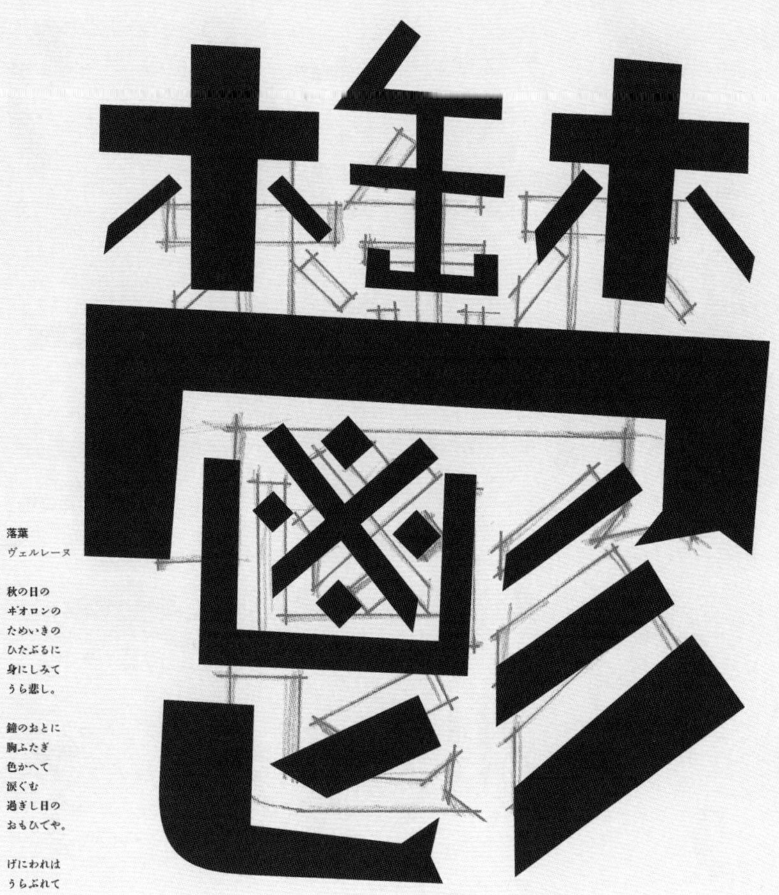

落葉
ヴェルレーヌ

秋の日の
ヸオロンの
ためいきの
ひたぶるに
身にしみて
うら悲し。

鐘のおとに
胸ふたぎ
色かへて
涙ぐむ
過ぎし日の
おもひでや。

げにわれは
うらぶれて
ここかしこ
さだめなく
とび散らふ
落葉かな。

上田敏訳「海潮音」より

私語り
樋口一葉
西川祐子
リブロポート

推理作家の出来るまで

都筑道夫

上巻

フリースタイル

Hirano Kouga

02 汉字的前方有风景

画成其物的象形文字

我每次手绘文字，都会告诉自己：这是“象形文字”。不管是形状还是颜色，每一个文字的深层都含义无穷，展现出一种欲望或羡慕被扭曲的荒谬感。也许有人会说，可是，你手绘的文字不都是极为温婉明朗的样子吗？哎呀，即便这样也是经过了只有本人才知道的艰难选择才创作出来的。不知谁人能懂？

◤ 《今日谈昨日事》

一个文字的风景

日文是象形文字的文化，在一个汉字中可以看到风景。而且画面不断地重叠起来，像是要诉说现在身在何处，将要前往何方。我能感觉到汉字的风景中有颜色，还能听到声音，时而有风吹过，甚至能感到气温。我有时想，汉字应该能将包罗万象的事物表现得淋漓尽致。暂且不说日语语法，这一个文字如同风景画的形、色、音的状态想要传达微妙的情感。文字的表情随着遣词造句的不同而变化，有时显得既肃穆又优美。

换言之，文字不仅起到了符号的作用，商品名称、戏剧电影、音乐会书名、广告词等等，都借助这种象形的力量来展现具有个性的姿态不仅是通过把文字加粗、变大的方式来高调张扬，而是顺应各自的性格量身定做，来确立令人难忘的独特风格。

◤ “现代图案文字大集成”序言 /《今日谈昨日事》

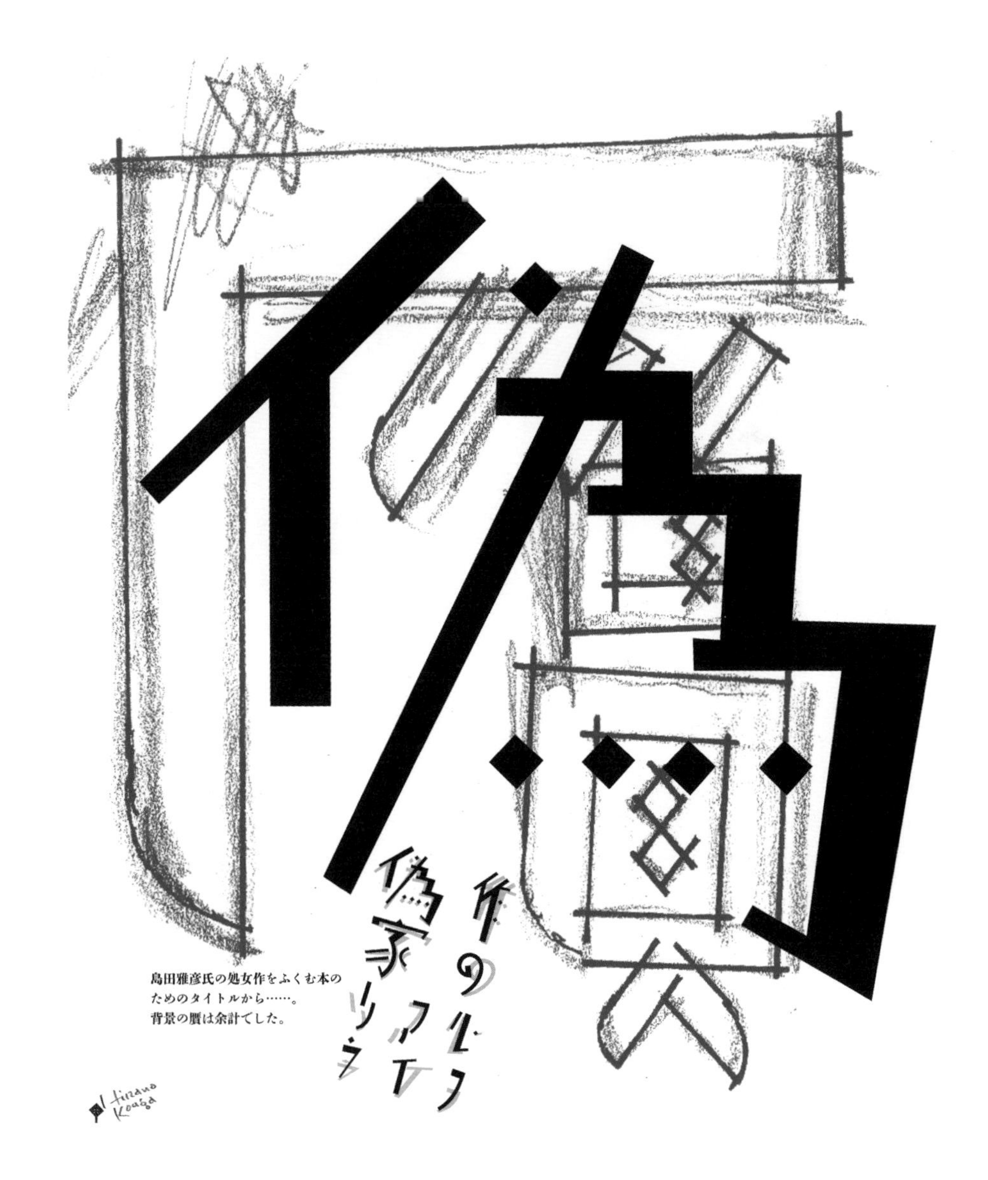

島田雅彦氏の処女作をふくむ本のためのタイトルから……。
背景の贋は余計でした。

不連続
殺人事件
坂口安吾
新潮文庫

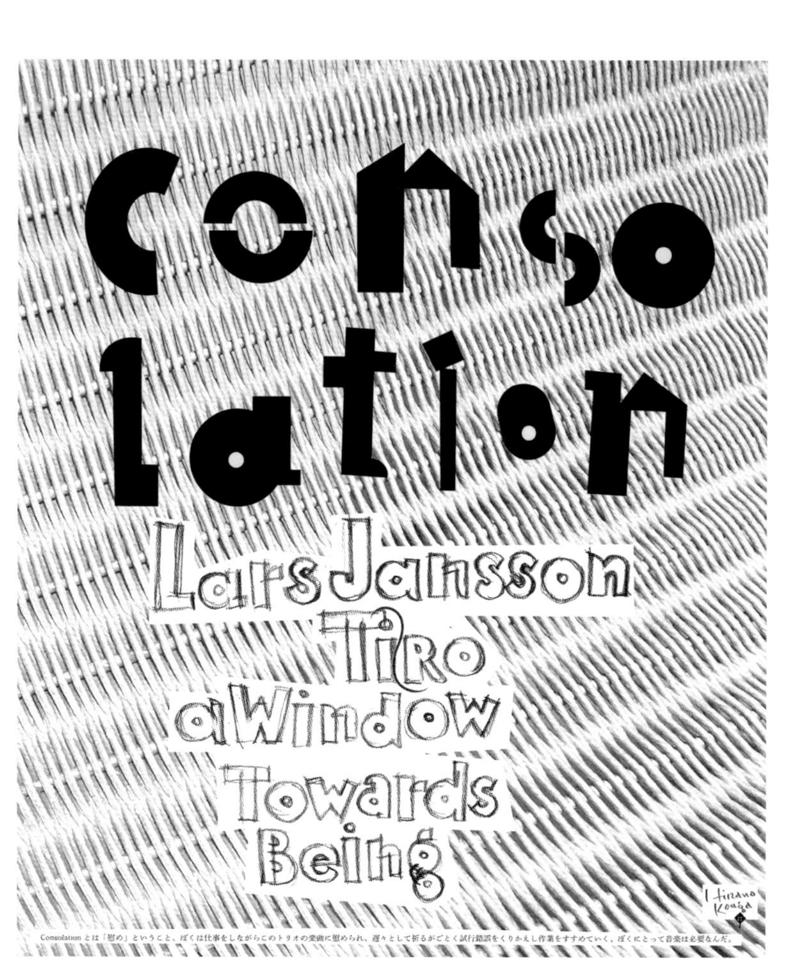
Conso
lation
Lars Jansson
Trio
a Window
Towards
Being
Hirano
Kouga
Consolation とは「慰め」ということ、ぼくは仕事をしながらこのトリオの楽曲に慰められ、遅々として祈るがごとく試行錯誤をくりかえし作業をすすめていく、ぼくにとって音楽は必要なんだ。

02

汉字的前方有风景

汉字风景画的来历

汉字是需要用视觉感受的文字。设计师在这里绘制的字体并非个人的主观臆造，而是对汉字字形的一种移情感受。原本每个汉字就是一幅画。据说在使用字母的国家，人们看到汉字，都称其像结构主义抽象画一样美。虽然确实如此，但对于汉字圈的人们来说，其实是令人不胜其烦的具象绘画。有些汉字本身就是一幅风景画。平时习以为常并不在意，但重新审视的话，能发现其造型中蕴藏着非凡的力量。不用说汉字的描述力和象征性，其造型本身，就要求你不必深思形和意孰先孰后，而是通过五感无拘无束地接受它。

但是，幸福时光并不长。不久，字形和字意的平衡开始崩塌。将已经画完的文字中的零件与其他文字组合，再造出一个字来。这当然是做足了功夫，却又因此生出了新的念头，结果字意扭曲了字形。混乱总是由此开始。为了把可笑的逻辑说通，用尽拙劣的谐音段子、冷笑话、恶作剧等各种手段。到了这个地步，就一下子迈进了漫画的世界。（在此声明：我并不是说漫画不好。我对漫画的作用给予高度的评价。）表现森罗万象的汉字大量登场了：既有静谧的风景画，也有不堪入目的露骨表达。这些汉字无视后人的需求或喜好，不断地增加。

文字的力量
菲尔莱狄更斯大学
美术图书馆企划展
HIRANO图录/《我的手绘字》

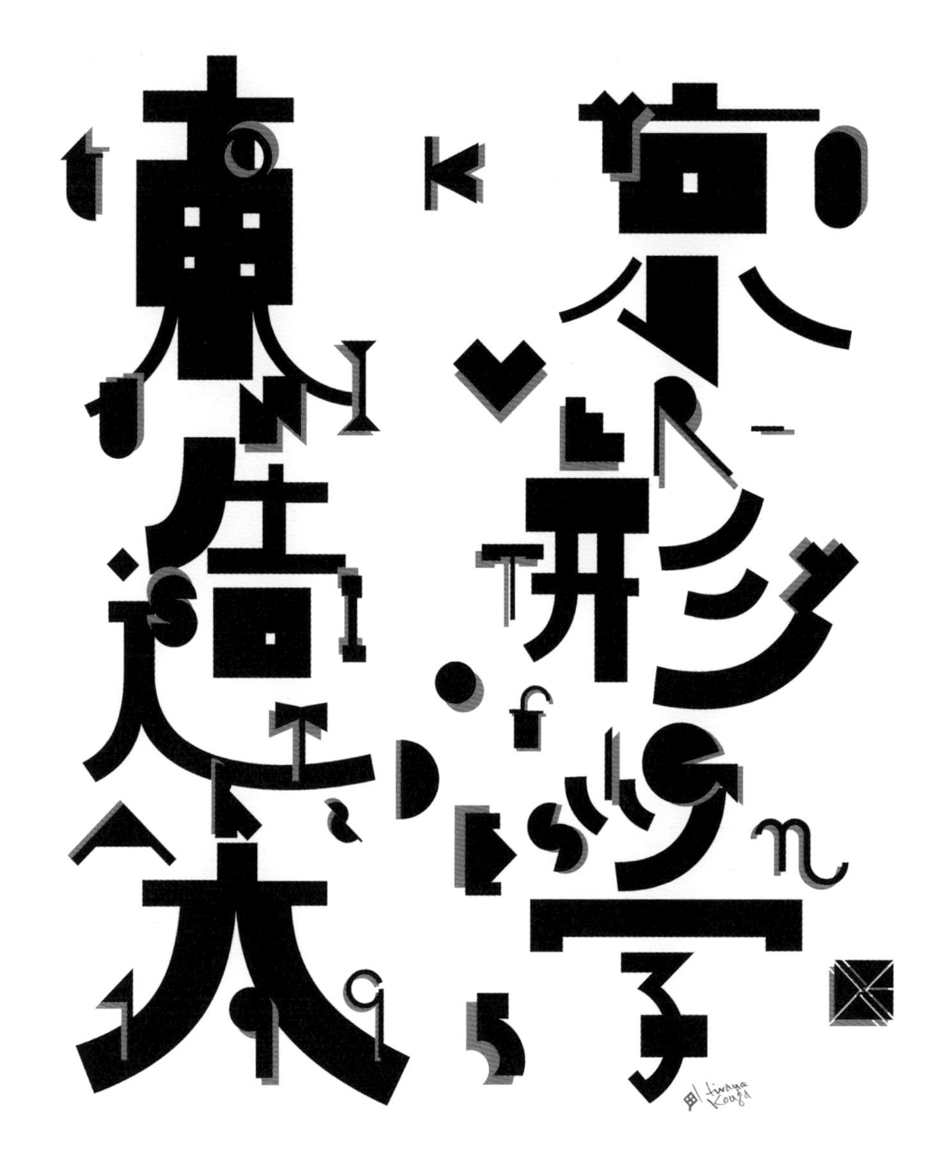
東京
造形
大学

摩訶般若波羅蜜多心經

觀自在菩薩行深般若波羅蜜多時照見五蘊皆空度一切苦厄舍利子色不異空空不異色色即是空空即是色受想行識亦復如是舍利子是諸法空相不生不滅不垢不淨不增不減是故空中無色無受想行識無眼耳鼻舌身意無色聲香味觸法無眼界乃至無意識界無無明亦無無明盡乃至無老死亦無老死盡無苦集滅道無智亦無得以無所得故菩提薩埵依般若波羅蜜多故心無罣礙無罣礙故無有恐怖遠離一切顛倒夢想究竟涅槃三世諸佛依般若波羅蜜多故得阿耨多羅三藐三菩提故知般若波羅蜜多是大神咒是大明咒是無上咒是無等等咒能除一切苦真實不虛故說般若波羅蜜多咒即說咒曰揭諦揭諦波羅揭諦波羅僧揭諦菩提薩婆訶般若心經

02

汉字的前方有风景

翻开白川静的书

关于汉字的形成，读白川先生的书会受益匪浅。比如“戻る”这个字，户字头下面原本是“犬”字。国语审议会拿掉了“犬”字上的点，改成了“大”。白川先生说，去掉这个点，意思就根本不通了，因为这个字的原意是指为了防止恶灵进入，而将狗的尸骸埋在家门口。这样的内容就非常有参考价值。我认为，文字根据所处的状况，其形状和线条都会变化无穷。我不知道自己是否有足够的想象力，但真想仔细思考文字中包含的色调。

《书籍设计的构想》

篠山　それは批評家に写真を撮れ[illegible]ていうことじゃないんです。ぼくなんかにとって一番危険なのは、ぼくが批評家になったらいけないっていうことですよね。とにかく理屈はいらない。[illegible]自分の肉体をでっかい眼球にしておくということ、それが一番重要なことなんでね。

中平　なんていうかな、批評家っていう職業を否定するわけじゃないけど、なにか撮ってる人の方が、ほんとはわかりもしない[illegible]意気だけどさ、そういう言い方は。

篠山　だからそのへんね、もうちょっとはっきり言った方がいいと思うんだ。つまり中平さんの昔の写真は、ひよわさに支えらてというか、不健康な微熱に支えられて成り立っていた部分あったわけだし、中平さんのファンというのは、圧倒的にその部分を支持する人が多かったわけでしょう。

中平　病弱者向けだな。（笑い）

［対談］写真で、写真さ…　朝日文庫「決闘写真論」より

闘写真論

篠山紀信

中平卓馬

円極癖の作残W庫脳テふト劇
以亭歌阿高愛手京1愉史イ使
優字咤ア我静叩携ぐ階匯3川
考文0使旅描員筋明女蔑え街
婚和謳るか鬱嘘賀す浜空座號
墮東感濃光虎都唸樹ヒ滾む問
E欲長朝自あ事遠口も向辱入
描影へ學夜謎風眄步字a椎話
師老中劇答理農堂鴨告しわ録
曆C闘お慢慮野テ良ほすn苗
上逃名ら俳昼冬の画夜令令弟
日創く敵猫D創カ家い靈セモ
裏B写大冥陀喜Kに函ルた麗
男読S閣音M朗圖典Aジ7密

02

汉字的前方有风景

展示故事场景的道具

汉字好似戏剧的舞台布景。组合必要的符号，做好讲故事的准备。不过这种方法看起来合理，实际上却是见风使舵：有时是俗气的谐音，有时又像猜谜比赛一样。大多数时候，把文字的上方和左边空出来，首先在那里放置展示故事场景的道具，然后再拿出各种各样的道具一字排开。在演员出场之前，道具早早地就亮相了。依次经过的，全是如此的场面。

◤ 《手绘文字》

好似诙谐段子的小故事

汉字有些地方非常诙谐，字上带着各种各样的道理呢。（中略）还有好多更有趣的，所以我把它们当作小故事记着。比如说“員”这个字，看起来是不是有点像好兵帅克？“全員集合”就像把“員”们都召集起来，好可怜的样子。“委員”“委員会”之类的都好像是在凑人数。就这样如同做游戏一样来想象每个文字的背景，感觉就能描绘出文字的形状来了。在如此险恶的世道中，文字大多都是可怜的。虽然有些不自量力，但我总会想，如何才能把这些背景都画进去呢？否则不是很无趣吗？

◤ 《书籍设计的构想》

波の背の背に　ゆられてゆれて　月の潮路のかえり船　かすむ故国よ　小島の沖じゃ　夢もわびしく　よみがえる　歌・田端義夫　作詞・清水みのる　作曲・倉若晴生

チョイト一杯の　つもりで飲んで
いつの間にやら　ハシゴ酒
気がつきゃ　ホームのベンチでゴロ寝
これじゃ身体に　いいわきゃないよ
分かっちゃいるけど　やめられねえ
ヨ
スイスイ
スーダラ
スラスラ
と

「スーダラ節」青島幸男

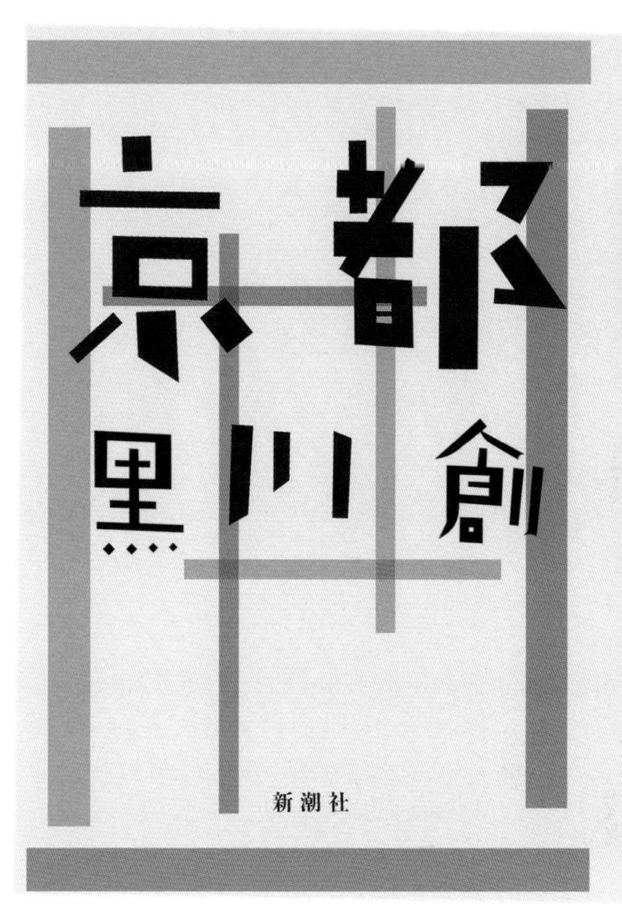
京都
黒川創
新潮社
京都
黒川創
新潮社

03

汉字假名的混搭

汉字假名相互掺杂的世界

面对从中国传来的汉字，我们的祖先动脑筋开发出了假名文字。平假名和片假名，分别由女性和僧侣们发明并使用，共有48个表音文字。和式字母的诞生确立了日本的国语。假名文字由女性和僧侣（大概是下级僧侣）发明，是非常有趣的事。写满汉字的文章，就交给知识特权阶级去玩味吧。为难读的汉字标注假名读音，为便于使用而把语句的顺序前后对调。然后，就像大家早已知道的那样，不知不觉间假名文字获得了与汉字平起平坐的地位。

文字的力量
菲尔莱狄更斯大学美术图书馆企划展
HIRANO图录/《我的手绘字》

遠
近
ふるさとは遠きにありて思ふもの
そして悲しくうたふもの
よしやうらぶれて
異土の乞食となるとても
帰るところにあるまじや
ひとり都のゆふぐれに
ふるさとおもひ涙ぐむ
そのこころもて
遠きみやこにかえらばや
遠きみやこにかえらばや
室生犀星
ひとにはさまざまな遠近法がある。遠近両用眼鏡だって持ってる。

長谷川四郎は、男兄弟の四番目。長兄が林不忘で「丹下左膳」の作者であり大流行作家であった。不忘はほかにも牧逸馬、谷譲治というペンネームを駆使して痛快無比なる一人三人全集という大冊を残した。
しかし四郎さんの文体は、むしろ静謐な語り口であり、ぼくには、大陸を吹き渡る風、馬頭琴や胡弓の悠久の音色を聞く思いだ。小説、詩、戯曲、もちろん随筆も、たくさんの名品を残し彼にも全十六巻にもおよぶ全集がある。

03 汉字假名的混搭

“の”字的宇宙

不管是照相排版还是电脑字体，我选择字体时的标准，是看那套字体中的“の”字是如何设计的。手绘文字的时候也一样，标题中是否有“の”字，处于什么位置，我都非常在意。我认为“の”字，是如同“日章旗”一样明了单纯而又异样的符号。雕刻家兼诗人高村光太郎是一个使用“の”字的高手。他把自己的诗写成书法，其中的“の”字，有时很轻快。而被写得粗重有力时，看起来则像卷着漩涡，宛如宇宙中心一般。

◤ 《手绘文字》

文字是衣裳

有位语言学家曾经直截了当地指出：文字是衣裳。这令我有些慌张。他说，欧美人只穿一件衣裳，那就是字母。而日本人可以只用假名，有时可以装点些汉字，想要稍微装酷一下时可以用片假名来标注外来语，学术书籍里还混杂有真正的洋文，就好像用丰富多彩的衣裳进行搭配。这么说的话，明体、黑体字、手绘字……就好像是衣裳的材质或者缝纫方法吧。那么，今年秋冬的潮流走向是什么呢？

◤ 《手绘文字》

2006年、年末ライブ　日本語で歌うシューベルト
冬の旅
Schubert WINTERREISE
斎藤晴彦
歌
高橋悠治
ピアノ
[冬の旅]日本語版
ウィルヘルム・ミュラー詩
フランツ・シューベルト曲
訳詩
斎藤晴彦
高橋悠治
平野甲賀
田川律
山元清多
01　おやすみ
02　風見の旗
03　凍った涙
04　凍結
05　菩提樹
06　涙川
07　凍った川で
08　回顧
09　鬼火
10　休息
11　春の夢
12　孤独
13　郵便馬車
14　白髪の頭
15　鴉
16　最後の希望
17　村で
18　あらしの朝
19　幻
20　道しるべ
21　宿屋
22　勇気
23　三つの太陽
24　辻音楽師
「民衆に訴える」
フランツ・シューベルト詩
高橋悠治曲
12月30·31日
theatre
iwato
イラストレーション
Hirano Kouga

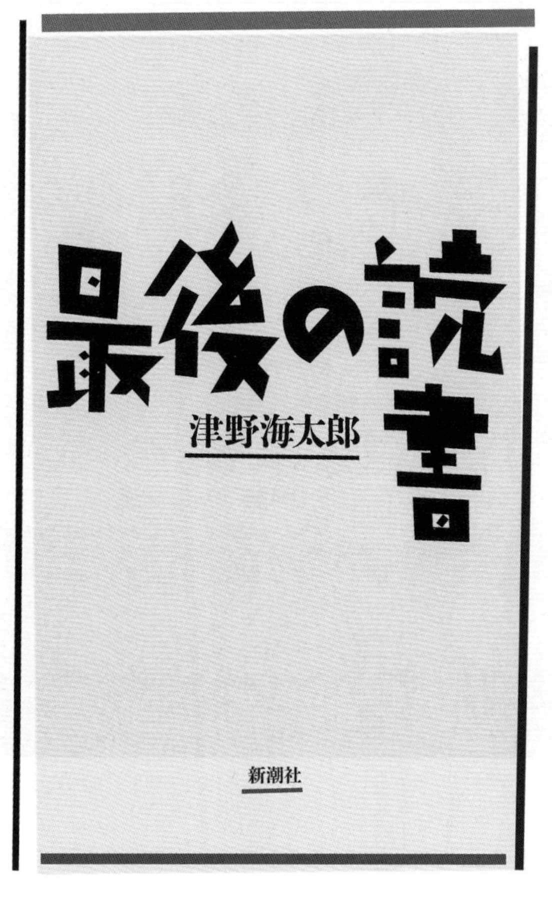

最後の読書

津野海太郎

新潮社

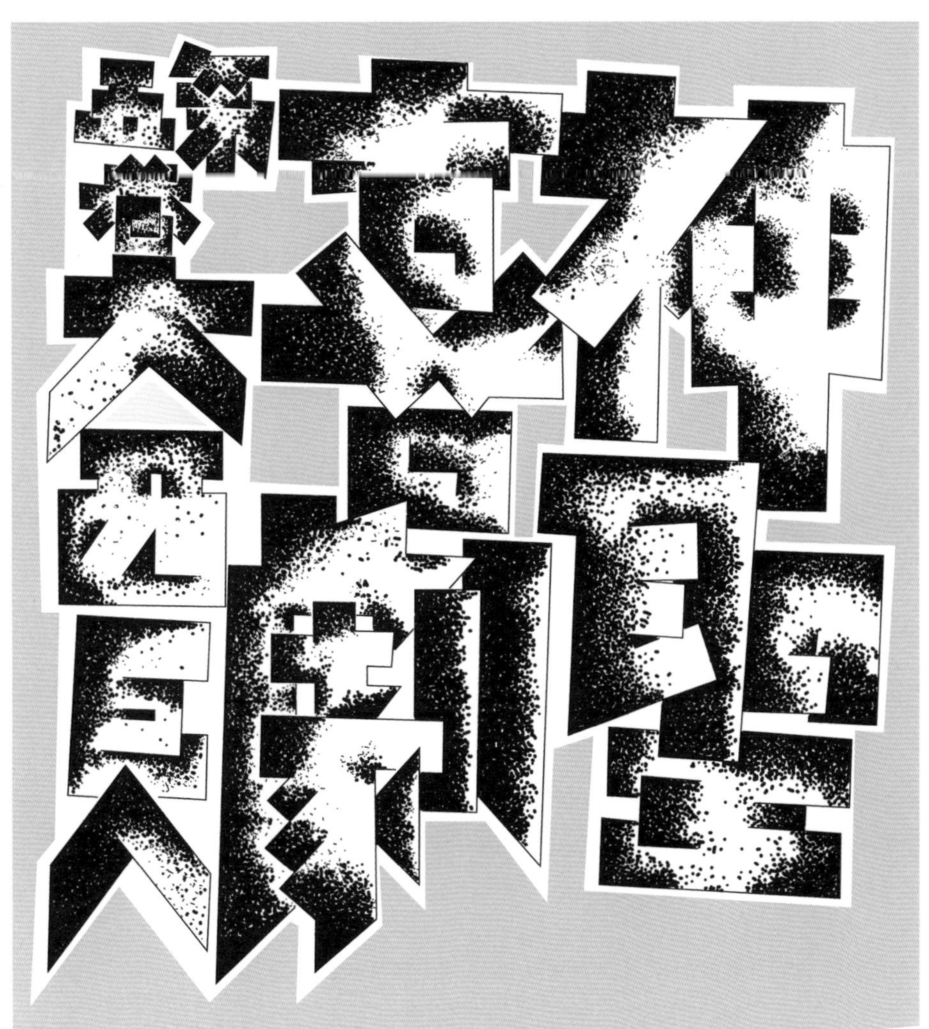

私の青春読書の輝かしき一編、大西巨人氏は恐るべき記憶力と編集力を併せ持つ、まさに巨人だった。

04

关于
手绘文字

在印证文字的基础上
赋予自己的风格

我常想，自己最适合的工作还是以文字为中心，以思考文字的形状为中心。文字的形状是大家决定的，首先要能读，再用活字或照相排版，其中都有严谨的根据。只要能把握这些内容，接下来再把自己的风格加进去就简单了。（中略）

比如说写“劇場”这两个字，我设计成把“場”字单独拿出来就看不懂，而让其靠近“劇”才能读懂的形状。我也有这种狡猾的时候，总之是设置一些机关。手绘字就是在大家共有的认识之上，再加入不同的东西，正是这种差异使其具有独特性。

《书籍设计的构想》

閑散とした六本木の交差点に程近い劇場には客はまばらで、ばらばらと拍手があって、あ、これで終わったのか。ガランとした場内から、もう誰もいない廊下へでたら、ひとりの男がちかよってきた。どうもありがとう、どうでしたか？　いやぁ、こういうの、はじめてなんで、さっぱりわからなくって。そうですか。わたくしは演出家の津野です……。

スイングドアを押して外へでた。街はまだ夕方というより昼にちかい明るさで、仕事場へもどろうかと思いながら足はバス停もとおりこして、見かけた書店にも入らずに、頭のなかの白いもやをかき分けるように足だけが勝手に動いていく。白いもやは、さっき見てきた演劇のことだ。この街、あの劇場、あのプロセニアム、あの簡素な舞台、衣装、そして男と女。

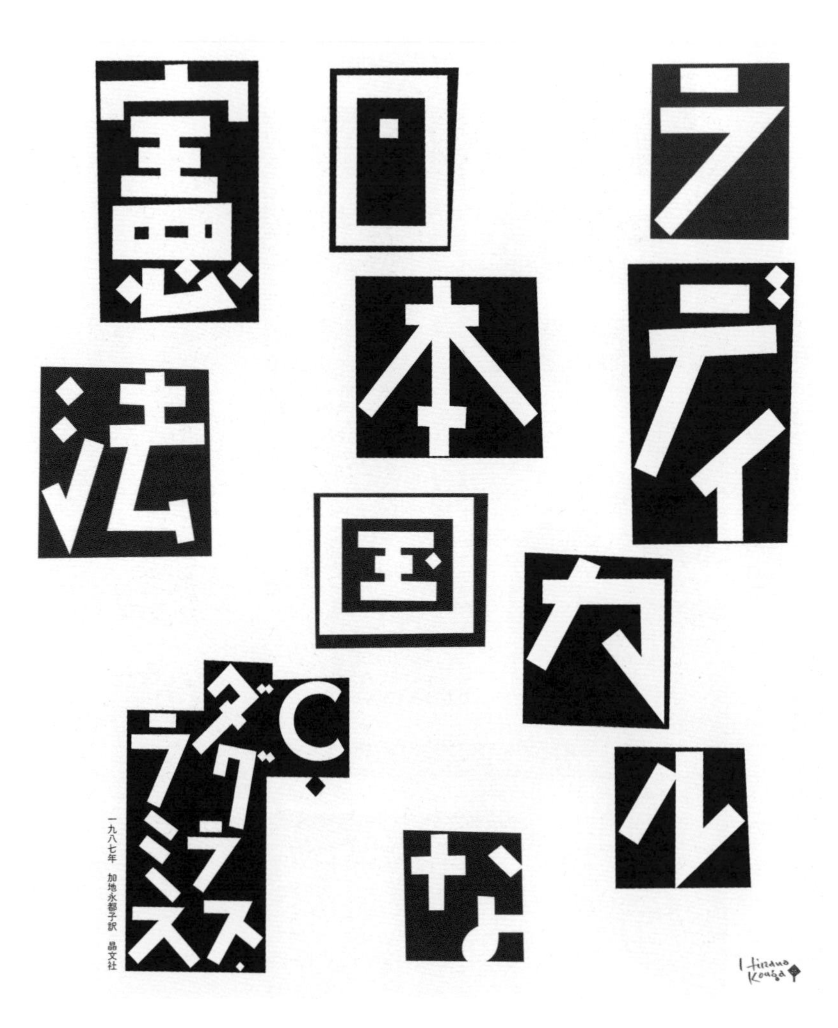
ラディカルな
日本国
憲法
C.ダグラス・ラミス
一九八七年　加地永都子訳　晶文社

話術

徳川夢声

新潮文庫

芸道の真の名人というものは、その道に関する説明的著書など発表しないのが、むかしからの常態らしい。
そんな文字を記すものは、まず、第二流の徒のようである。そこで、こんなものを書いた私は、話術家として、
第二流、第三流、もしくはそれ以下というということになりそうであるが、それも大いに結構である。（はしがき　より夢声）

04 关于手绘文字

文字本身孕育的力量

排列整齐的文字，作为一种稳定的通用符号任何人都能放心使用。不过我有进一步的欲望，想更多地了解文字本身的意义，所以就想到自己动手来画。

比如说“父”这个字。当年中国造出这个字以来，已经被无数人使用过。因此当面对“父”这个文字的时候，夸张一点地说，文字本身所蕴含的历史和故事都一股脑地向我逼近。这并非我随性想出来的平野甲贺的“力文字”，而是由远远超越了个人期望的、文字本身孕育的力量所推动……

我也想开了，不管你怎样画，文字终究是文字。因此我常把文字画得几乎脱离了原形。为了创造出自己认可的字形，除了像这样借助文字原有的力量，我还必须将自身得以存在的所有经验都拿出来再利用。以何种方式来具体展现自己的风格，是设计者的工作意义所在。

装帧重新印刷成平版《艺术新潮》首刊 /《我的手绘字》

北京の父 老舎

老舎　一八九九～一九八六。　生粋の北京語と特異な風刺で知られる。文化大革命で迫害死、後に名誉回復。小説「駱駝祥子」戯曲「茶館」などをのこした。「茶館」には暇人たちがそれぞれ鳥籠を手に登場し、あちこちの立木の枝にひょいと掛けて、自慢話やら噂話に華をさかす。話の程はとんと解らぬが、だらだらと過ぎゆく時間のなんと心地よさげなこと。これは息子、舒乙による老舎伝の中島晋による訳書である。

きょうかたる
きのうのこと
平野甲賀
晶文社
きょうかたる きのうのこと
平野甲賀
晶文社

自立する家族

2001年

鎌田慧

渾身のルポルタージュ

家族が自殺に追い込まれるとき

1999年

04

关于
手绘文字

以身处的时代尺度来接纳

尽管知道有主流的传统存在，但我创作手绘字时，是以自身所处时代中的积累为基础，这个尺度包括上一辈在内至多不过数十年。即便是错字，虽然并非怀旧，我会故意按照人们一直以来所看到、所使用的那样来写。我知道石川先生一定会见怪，但会照写不误。因为那些字已经承载了一种情境或者说是命运——比如演艺剧场的招牌，或者是大众文艺的标题文字。并不是用明体还是用毛笔来写，而是因为它们创造了新的传统。所以我创作的时候并不认为这样写会和观者之间存在隔阂或者落差，反而觉得也许会引起共鸣。接纳这些文字的人们，应该也背负着同样的传统和历史，会在某个地方互相连接。否则，我可画不出文字来。

文字历险记
与石川九杨先生对谈《新刊新闻》首刊 /《我的手绘字》

不是“书道”而是“手绘字”的缘由

看起来似乎是自我辩解，我想把手绘字和书道区分开来。书道具有权威的一面，把教养、学识作为武器，感觉是一种“威胁性的文化”。这和在浅草的小剧场或者电影院培育的文字完全是不同的性格。我是把自己的不成熟融入手绘这个行为中，因此绝对成不了“道”，成不了“书道”，仅仅是“手绘”。

平野甲贺 × 川畑直道 嘉宾 : 小宫山博史“手绘文字考”第一回

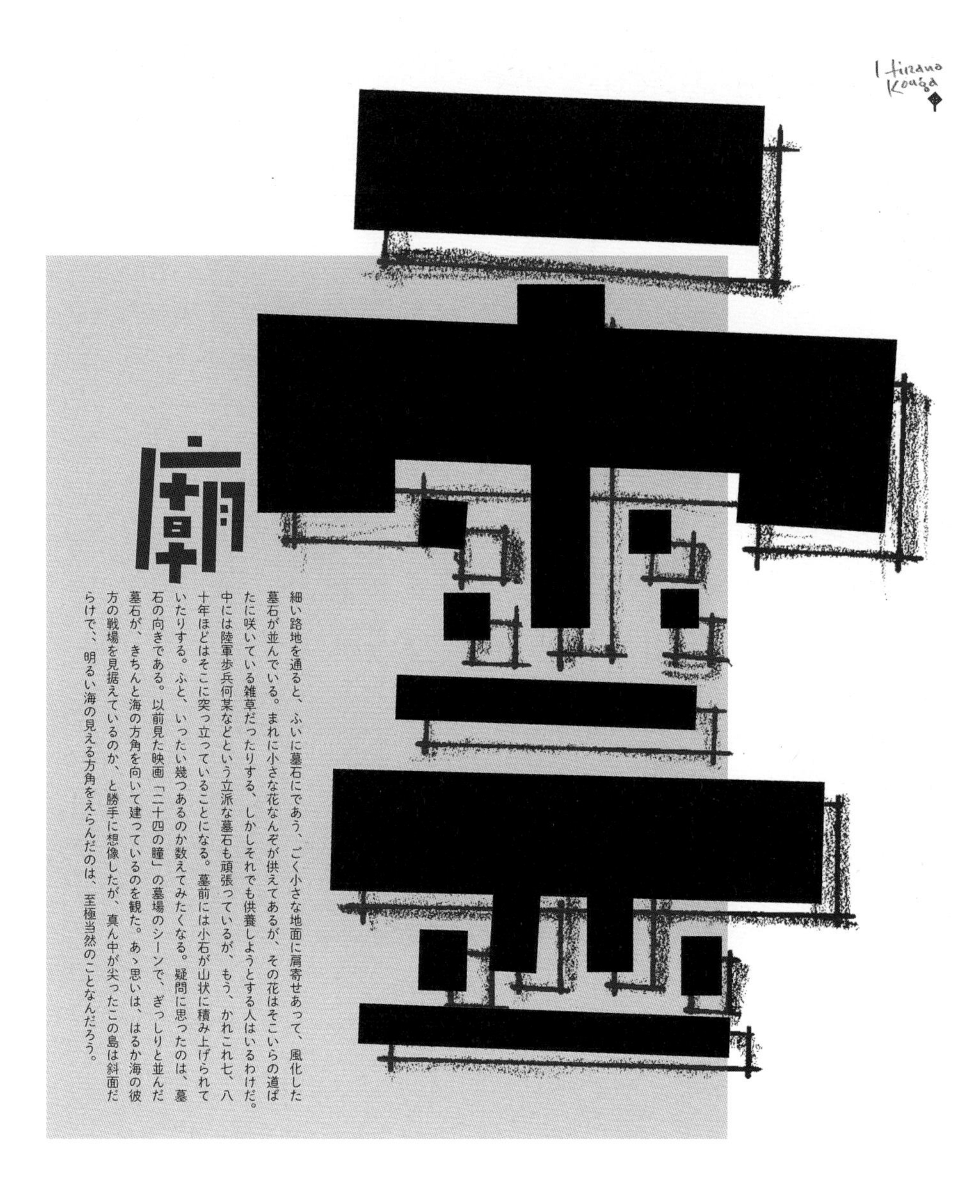

細い路地を通ると、ふいに墓石にであう、ごく小さな地面に肩寄せあって、風化した墓石が並んでいる。まれに小さな花なんぞが供えてあるが、その花はそこいらの道ばたに咲いている雑草だったりする、しかしそれでも供養しようとする人はいるわけだ。中には陸軍歩兵何某などという立派な墓石も頑張っているが、もう、かれこれ七、八十年ほどはそこに突っ立っていることになる。墓前には小石が山状に積み上げられていたりする。ふと、いったい幾つあるのか数えてみたくなる。疑問に思ったのは、墓石の向きである。以前見た映画「二十四の瞳」の墓場のシーンで、ぎっしりと並んだ墓石が、きちんと海の方角を向いて建っているのを観た。あゝ思いは、はるか海の彼方の戦場を見据えているのか、と勝手に想像したが、真ん中が尖ったこの島は斜面だらけで、明るい海の見える方角をえらんだのは、至極当然のことなんだろう。

鯨の目
成田三樹夫遺稿句集
無明舍出版

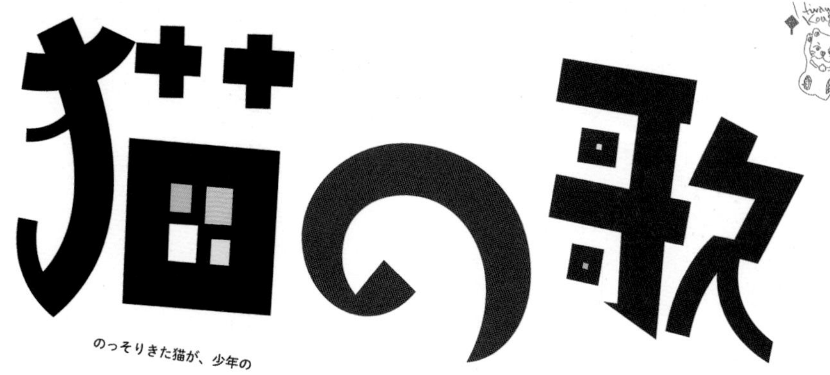

猫の歌

のっそりきた猫が、少年の

いる借家に、ぬれ縁と小さな庭

ミルクわけて少年やった

ぶるんぶるんぶるんぶるん

ちょくちょくそれから猫きた

ぬれ縁でひなたぼっこ

ミルクわけて少年やった

夜なかの雨戸の、むこう

すのあすのあすのあすのあ

いびきたてて猫ねた

朝にミルク、少年やった

ある日、猫こなかった

どうしたのかな、少年言った

もうそれっきり

のっそり猫、こなかった

七十年経過

少年は八十歳

べつの町、べつの借家

モルタルアパート

少年死んだ死ぬとき言った

あの猫、どうしたのかな

長谷川四郎：作詞　高橋悠治：作曲・ピアノ　波多野睦美：歌　クリストファー・ハーディー：パーカション　柳生弦一郎：イラストレーション

04 关于手绘文字

好笑的手绘字

手绘字确实是以黑体字为基础的。黑体字其实就是漫画。我认为“世上一切皆漫画”，把所有东西都用漫画来表现。所以是“好笑的手绘字”。漫画痛快淋漓而且明快，我还认真地思考如何正面发挥它的辛辣和尖锐。以手绘字装帧的书摆在书店里会造成视觉冲击，不过从根本上来说，还是看我自己能否一直保持批判精神。

在这一点上，以前我进行过非常激烈的斗争。初期时年轻气盛，把字设计得极简，“几乎变成标识”一般。这种“认得出”“认不出”之间的较量，一直持续到今天。

《文字力》新闻稿

被称为“讨厌文学的文学爱好者”

确实是这样。请我设计的书，我并不能全部都读完。有时几乎连校样都不读就开始设计，不是依照书的内容，而是依照我感觉中的某种秩序。比如我会想，这个作者在该领域排第几名比较合适呢？这就带上了评论的色彩。当我用手绘字来呈现书名和作者名的时候，总是无意识地带着讽刺的意味。这样一来就变成了评论，或者说变成了一种漫画。也许就在那个瞬间，会被人认为我讨厌文学。

书法与设计之间
与草森绅一先生对谈《平面设计》首刊 /《我的手绘字》

函館は長谷川四郎さんのふるさとだ。四郎さんのエッセイにガンガン寺（ハリストス正教会）の鐘の音がうるさかったと、書いてあった。その函館山の中腹までのぼり、振り返ると函館の街が一望できた。四郎さんは、こんな風景を見ながら育ったのだ。彼の並外れた尺度感覚も納得できる気がした。

以呂波にほ反と知
りぬる乎和か与た
れそつね奈ら武う
為のおくやま計ふ
こえてあさき由め
みしゑひもせすん、

Hirano Kouga

カレル・チャペック

Karel Čapek

園芸家12カ月

ヨゼフ・チャペック絵

Zahradníkuv rok

小松太郎 訳

カレルは弟、ヨゼフは兄。
弟は作家、兄は画家、二人は
小説、戯曲、絵本、新聞など
共同作業で多くの傑作をのこし
チェコを代表する作家となった。
残念なことにヨゼフは「ナチ」の
強制収容所で処刑されたが、
作品はいつまでも人びとの
こころの中でいきつづける。

04 关于手绘文字

有时像肖像画师一样

我在设计时，脑海中浮现出作者的面孔和性格，会用相应的文字去呈现。于是文字就变成了漫画或者是肖像。肖像画师就是要把人的性格也画出来。因此，也有人不喜欢他人用手绘字来呈现自己的名字。文字本身是很强势的，用奇形怪状的文字呈现女作家的名字，当然有人不快。IWATO剧场的宣传单上，落语家的名字是用手绘字写的。虽然有人表示不满，但我坚持自己的意见。如果讨厌手绘字就改成照相排版的话，不就沦为公文了吗……

◤ 访谈“平野甲贺的文字与运动”《思路》

手绘字的存在理由

手绘字存在的最重要理由是吸引人注意。当用怪诞夸张的方式把文字的内容描绘出来时，不知不觉中好像是扯着沙哑的嗓子大声喊叫。有个诗人曾经说：“吼叫过活，不堪忍受。”当我读到这一行时，觉得自己遭到彻底否定。虽说大呼小叫地过日子确实不成体统，不过细小娇嗔的声音也使人不舒服。播音员假装冷静地播报重大事件时的声音，尤其让我感到些许不快。

◤ 《手绘文字》

この漢字には
もう一つ辻という形もある。

小さな道がクロスした辻に白い陰気な教会堂が立っていた
竹雄はこの道を通るのがきらいだった
ずっと以前に高熱にうかされた夢のなかに
空中に回りのぼやけた黒い繭玉のようなものが
教会の入口から次ぎから次ぎへと現れ消えるのを見た
彼は指をクロスさせて自分で考え出したおまじないを
唱えながら駈けぬけていった

Hirano Kouga

割箸の袋文字

高橋悠治 ピアノ・リサイタル

めぐる季節と散らし書き子どもの音楽

ヘンリー・パーセル　組曲７番ニ短調
Henry Purcell Suites No.7 in d minor

ルイ・クープラン　シャコンヌ　ト短調　パヴァンヌ　嬰へ短調
Louis Couperin Chaconne en sol mineur Pavanne en fa# mineur

ジョン・ケージ　四季（ピアノ版）(1949)
John Cage The Seasons (piano version)

高橋悠治　散らし書き（新作初演）
Yuji Takahashi Chirashi-gaki
［Calligraphy in an Irregular Hand］(2017) (première)

ベーラ・バルトーク　10のやさしいピアノ小品
Béla Bartók Ten Easy Pieces
献詞
Dedication
1. 農民の歌
Peasant Song
2. 苦しい戦
Painful Struggle
3. スロヴァキアの若者の踊り
Slovak Young Men's Song
4. ソステヌート
Sostenuto
5. トランシルヴァニアの夕べ
Evening in Transylvania
6. ハンガリー民謡
Hungarian Follk Song
7. 暁
Dawn
8. スロヴァキア民謡「皆はやらぬと言うけれど」
Slovenia Folk Song "They say: they don't give"
9. 指の練習
Finger Study
10. 熊の踊り
Bear Dance

フェルッチョ・ブゾーニ　子どものためのソナティナ
Ferruccio Busoni Sonatina ad usum infantis (Kind 268)(1915)

エリック・サティ　コ・クォが子供の頃 (1913)
Erik Satie L'enfance de Ko-quo

イーゴリ・ストラヴィンスキー　五本指 (1923)
Igor Stravinsky Les Cinq doits (1923)

イラストレーション　柳生弦一郎

2017年2月24日（金）
浜離宮朝日ホール

04 关于手绘文字

活字等于中立吗?

以前，我曾和一位韩国设计师讨论过手绘文字。他正设计一份名为《广场》的杂志。我说，如果是我的话，会根据“广场”的形象来描绘相应的文字。于是那个韩国设计师说，韩国人对“广场”的印象各不相同，有必要特地描绘那样的文字吗？他主张用标准的明体来表现才对。

但是，活字等于中立吗？比如“戦”这个字，在日本的报纸、杂志中经常出现，沾满了人们的手垢和唾液。可以说活字的罪恶更深重（曾有欧洲的著名设计师说，他绝对厌恶会令人联想到纳粹的Futura字体）。所以我说，与明体或黑体字相比，描绘崭新形象的文字来表明自己的意见不是更好吗？当然这也是我的歪理（笑）。

◤ 《今日谈昨日事》

瓶の中の旅愁
小林恭二
福武書店
小説の特異点を
めぐるマカロニ
法師の巡礼記
茶色のビールびんを
叩き割ったような凶器
治らない傷跡
Hirano
Koga

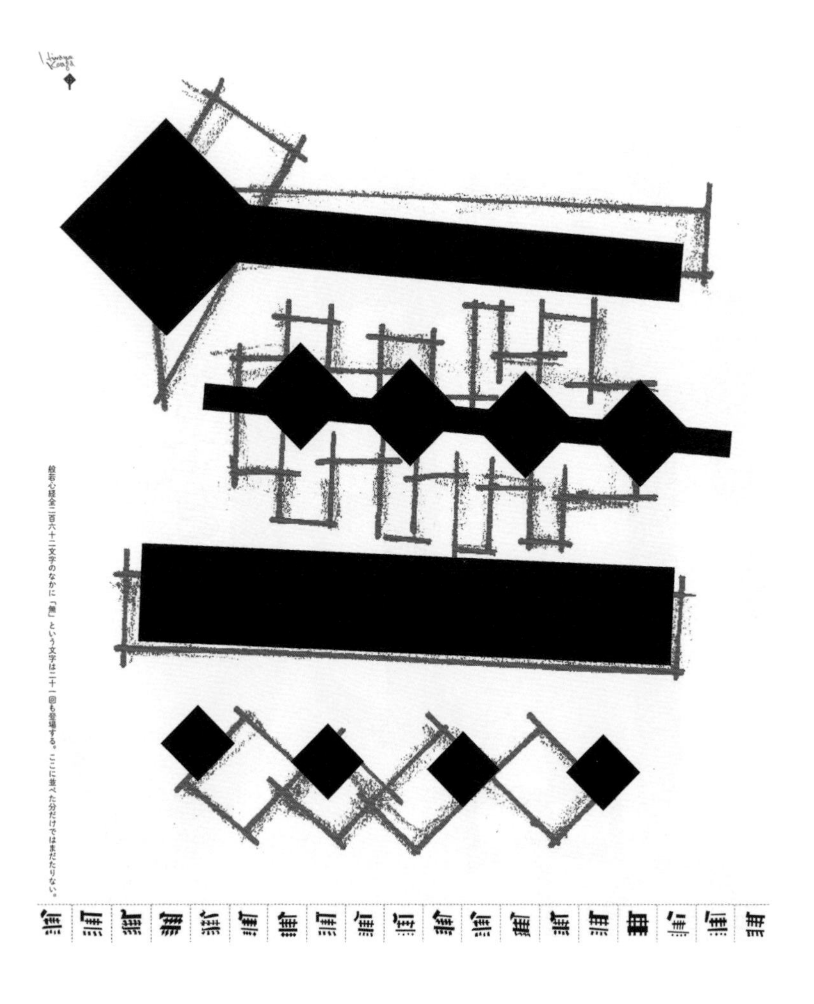

般若心経全二百六十二文字のなかに「無」という文字は二十一回も登場する。ここに並べた分だけではまだたりない。

俳句ってたのしい
辻桃子

04 关于手绘文字

设计的终极意义

我首先观察书名上所有文字的长相。它们究竟是风景画还是漫画呢？当然，文字附带的背景无法如此简单地割裂开来，而且也与我的鉴赏眼光有关，总之先要动手把它们的形状表现出来。

但是，设计文字是为了让一般大众认识，而且获得人们的认可，我不会刻意把个人的幻想强加其上。有一种根深蒂固的看法认为，设计原本就是匿名的。这似乎是解开字形与字意纠结的唯一办法。他们认为书的封面和书名文字不需要设计，保留最少的信息足矣，设计师不成熟的想法是令人讨厌的。我在学校曾学过“形，服从于功能”，但我并不能欣然接受这样的观点。因为现在已是一个多元化、多功能的时代，关于书的用途，这种简单又固执的观点中缺少“当下”这个时间感觉。

确实，文字的功能是传达信息。但是我们不能忘记，还有语文考题之外的正确答案。用词时的情感或者怨恨，都会随着那个词一起砸过来。这时要积极地接住，并借助这种文字之力再抛回去，这就是设计的终极意义。

文字的力量
菲尔莱狄更斯大学
美术图书馆企划展
HIRANO图录 /《我的
手绘字》

江戸川乱歩
屋根裏の散歩者
博文館
古民家の我が家の屋根裏の散歩者はいわずと知れた、野良猫どもである。

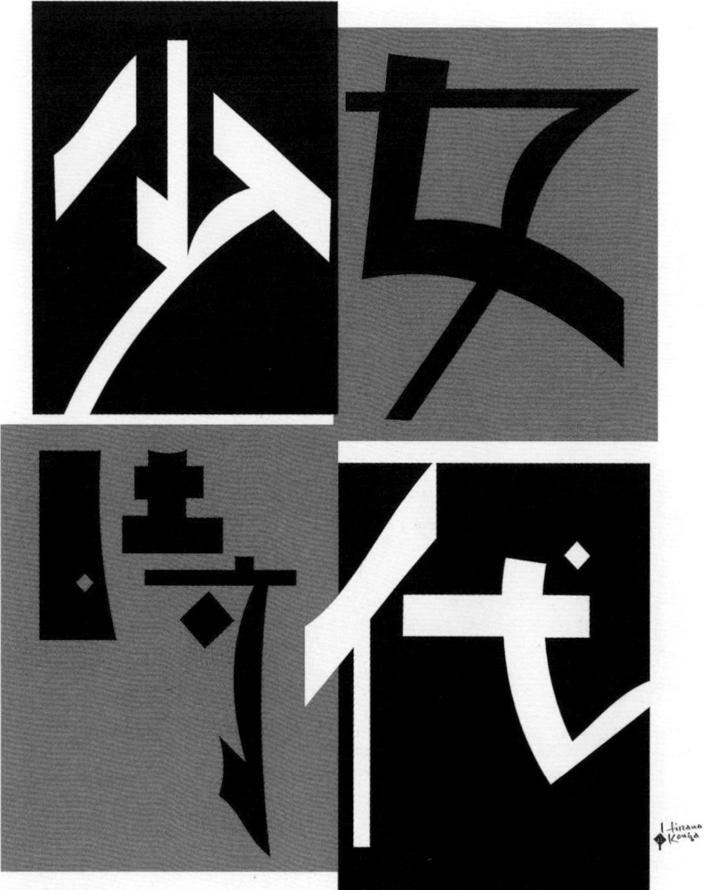

片岡義男氏の「少女時代」は小説なんだ。

小林信彦

定本

日本の喜劇人

（全2冊）
喜劇人篇
エンタテイナー篇

日本の喜劇人

新潮社

小林信彦

定本

日本の喜劇人

（全2冊）
喜劇人篇
エンタテイナー篇

05

绘画才能
和
文字才能

我喜欢的插画家

因为职业的关系，我有时与插画家见面，但次数并不多。面对面地讨论插画的内容，总是有点尴尬。因为对方即使按照我的要求画出来，也不一定能画得好。反而是完全不听别人的意见，独自创作的时候会有好结果。我敬爱的插画家小岛武、片山健、柳生弦一郎等都是这样的高人。

有一次，我和小岛武就何谓插画争论过，留下了苦涩的回忆。“小岛君，人家要求画一头鲸鱼，必须要画得像鲸鱼才行啊。就像百科全书那样！”“平野先生，插画是画一种迹象。即使只有一个点，我说是鲸鱼那就是鲸鱼！”这完全是没有意义的斗嘴。如果换了柳生先生，他就会说:“如果这样不行，你可以不找我画。如果不喜欢，可以不画呀。”要是片山先生，他会默默地画一条你从未见过的鲸鱼给你看。肯定是这样的。

我喜爱的插画也有很多。即使不提作者的名字，只要插画本身具有强烈的个性也就行。一定要提的话，比如J. 拉达、前川千帆、J. 查贝克、宫尾滋夫、G. 格罗斯、武井武雄、R. 肯特、八岛太郎、H. 拜叶等等，可以列出一大堆来。这些人的风格不管怎样加工都不会磨灭。这就是我所说的百科全书式的插画。他们的作品，大多已经过了版权保护期。

◤ 《今日谈昨日事》

玉川しんめい、作品社

ぼくは浅草の

不良少年

実録サトウハチロー伝

I Hirano Kouga

捨身なひと

小沢信男

晶文社

この動物はミロコマチコさんの描いた「バビルッサ」。成長するにつれ、伸びすぎた牙で自分の額を突き破って死んでしまうという、まさに絶滅危惧種。
この書物に登場する敬愛すべき「捨身のひと」たちと、どこか共通点のあるような、ないような。この「捨身なひと」の正題は、じつは「捨身のひと」。
「捨身なひと」とは粗忽なデザイナーの大失態いで、「まあ、似たようもんですよ」と小沢先生あっさり赦してくれましたが……。

残光

小島信夫

ある日、高橋源一郎氏は小島信夫の最後の小説『残光』（新潮社）を手にとった。そして不気味な感じをいだいた。
そこにある文字とも積木ともしれぬものを見つめるうちに、ふだん文字というものには、意味しかないという思いが揺れてくるのだ。
それは太古の時代に、誰もが感じていた気分なのかもしれないと思い、さらに、この小説に実はぴったりではないかと思った。
この感想に出会って、僕は「えっ」と思い、すこし嬉しくなった。文字を描こうとするときに、こんなことをしていいものだろうかと、いつも怖じ気づいているからだ。
たくさんの見た形、聴いた音、読んだ文字、好きなもの嫌いなものが消化しきれずに内臓にこびりつき「文字は内臓を模倣する」と、
いつか草森紳一が「書」について話してくれたことを、思い出しながら……。

05

绘画才能
和
文字才能

有风格的插画

如今的插画没有什么固定格式，而是重视插画家的个性和风格。虽然我不是不喜欢这种插画，但当面对拥有自己风格的插画家时，我则会激发斗志。我的意思是，期待和他们一起工作。

所谓风格，不是单凭一己之力就可以形成。刚才提到二战前的那些日本漫画家，就深受格奥尔格·格罗斯等欧洲画家的影响。我猜想他们是在学习那些画家的基础上，创立了独自的风格。

甲贺之眼
我喜欢有个性的插画
《书与电脑》首刊 /《我的手绘字》

拥有个人风格——拉达的三种线条

捷克曾有一位叫作约瑟夫·拉达的漫画家。我无比喜欢他的漫画，被《好兵帅克》这本书中的插图迷住了。每一张画，都只用两三种粗细不同的线条组合描绘而成。虽然跳跃性比较大，但我觉得他一定是受到了“浮世绘”的影响。右边的文字借用了拉达的手法。不过重要的不是样式，而是明快、舒缓却又坚韧的拉达精神。如果这能成为我的个人风格，手法则是次要的。

《手绘文字》

ルイージ・ピランデッロ作 作者を捜す六人の登場人物

二〇〇四年に斎藤晴彦の演出で、ピランデッロの「作者を捜す六人の登場人物」黒テント五十三回公演。中野五叉路に佇む荒廃した元ピンク映画館で上演された。なぜ荒廃したのか、それはその五叉路に立ってみればわかる。凄まじいばかりの大爆音、オートバイやパトカー、救急車のサイレン、本当は芝居どころの騒ぎじゃないが、この上演に限ってはまさにピッタリ。なぜ？　イタリア語辞書でノーベル文学賞受賞者であるピランデッロの項目を引いてびっくりした。イタリアでは、「ピランデッロする」とは、大混乱するという喩えでもあるそうで…。観客が入りはじめた劇場では、いまだロビーや廊下を出演者たちがウロウロし、舞台上では裏方が道具立込みの真っ最中、そんな騒音を、おしのけて役者のセリフが割込んで開演する……。というのがプロデュース側のワクワクするような目論みだが。そうはいかないのが、これぞ現実。そしてさらに、この芝居の地方公演として選んだところが広島の平和公園・原爆ドームの至近距離に立つ、いまだに堂々たる構えでありながら、いまは千羽鶴の貯蔵庫と化した旧日本銀行広島支店、三階吹き抜けの大理石バリ、原爆もはね返したというロビーが客席と舞台。すごいじゃない。ところがこの大空間、残響音もすごい。もう何が何だか意味不明。まんまと歴史的大混乱に巻込まれ、疲労困憊の体で終演となりました。

ゲオルグ・グロッスを気取ってみたけど、なかなかそうはいかないね

内澤旬子のイラストレーションと古書ワンダーランド
エチオピアの聖書をたずねて
← 頭からたれているのは山羊のバターであった 本当にびっくりした。
えと文 内澤旬子
赤 青 赤
さし絵の定番！
アフロヘアの天使。
ちなみにキリストもアフロヘアです。
羊皮紙
ペン先
アクスムの教会で見せていただいた聖書
メリゲタ師
お坊さんたちにアフロヘアはなぜかいなかった。そのかわりドレッドが！切らないでのばしていれば自然にアフロ→ドレッドになるのだそうだ。
アムハラ文字
聖書にはグーズ語を使用（日常語と違います）
羊さんの体型で↓
ギリギリ四角くとると↓こういう判型になる。
背骨の所は平滑でないので、折り山や背にする
皮の目の方向
パピルスは折りに弱いので巻子形態だったものが羊皮紙は、互いをつなげるのが困難な上に、折りに強いために、冊子という形が発生したのだとか。
→自動的に頁ごとの文字組み コラム ができてくる、…と…。
ふたつに切り裂く。
かがり 幅1cmの皮ヒモを縦にしてかがり、カバーの羊皮紙とドッキング。
花切れ／皮ヒモを芯にして折り山にひっかけながら編む！だてについてたわけじゃないのです。本来は…
完成図…
いまの書籍の基本を決めた
パーチメントorヴェラム
羊皮紙で作る本…
14c ヨーロッパ
スリットを作ってひっかける。強度があるので、何回はずしてひっかけてをくり返しても、紙やセルロイドのようには痛まない。
本文紙を1、2枚入れ込んで表紙の芯材にする。
よく出来た構造なのだ。
本当は本文の紙を入れてからつける
はじめと最後の折りには補強のために羊皮紙が。
裏は毛足の短いビロードのような肌触り（ものによって異なる）
水に漬けるとブヨブニョになる…
生乾きの時にフォークをつき刺して作る製作者のサイン。この穴のフォルムで、どの職人が作ったものか、わかる人はわかるそうで…。
えと文 内澤旬子
協力 スタディオ・リーブル
SPECIAL THANKS TO BRITISH Book BINDER・MARK COCKRAM・
羊皮紙本てん

05 绘画才能和文字才能

关于“筷子套”文字

下一个字体，我称其为“筷子套”。你看，进了食堂，大家不都是一边叠着装筷子的纸套一边等待吗？（会场人声嘈杂）就是那种气氛，焦急的心情都表现出来了。

（中略）这里有三根不同粗细的线，形成了一种风格。我在SURE的《描绘文字》中也写过，这种风格和拉达插图中的手法几乎相同。从这个地方也能看到拉达的影响。

◤ 《书籍设计的构想》

夜と霧の隅で
北杜夫

暗闇へのワルツ
WALTZ INTO DARKNESS
ウイリアム・アイリッシュ
WILLIAM IRISH
高橋豊訳
ハヤカワミステリ

Hirano Kouga

師匠は針
弟子は糸
古今亭志ん輔

志ん朝の千秋楽打ち上げ場所は病室だった。
浅草演芸ホールを表に出た時、打ち上げ場所に向かう住吉踊りの一行二〇人余は、そのまま病室に行く志ん朝を見送った。
芝居がかる松旭斉美知が「師匠～」と泣き崩れた。「わかっちまうじゃないか」。志ん橋が内心で舌打ちした。こもごもの
表情に送られて志ん朝を乗せた車は国際通りを走りだした。そして、これが寄席から出てゆく志ん朝の最後の姿になった。

06

受益于戏剧

选择手绘字的原因

说起为何使用手绘字，可以追溯到我以前设计戏剧海报和传单的时候。配合上演剧目的时代背景，我想使用具有类似氛围的文字，就选用了表现主义的文字。因为想要重视氛围，可以说它是作为一种插图来用。我的手绘字就从那个时候起步了。

有手绘字的装帧
《设计的现场》·单行本未收录

“再利用”的思想

设计海报的时候，我起先是为了对应戏剧的氛围，有时使用江户时代的招牌文字“勘亭流”。如果是昭和初期的故事，就引用那个时代特有的字体来衬托效果，就这样不知不觉中也受到了触动，于是自己开始尝试手绘文字。最初仅仅是被表现时代的字体所吸引，进行临摹和引用，不过是单纯的“利用”而已。后来经过自己咀嚼消化，终于变成了一种“再利用”的形态。

如今垃圾处理已经成为严重的问题。比如把用过的旧轮胎稍微加工一下，就可以作为建材再利用。这个“稍微”其实难度相当大。每当我在电视上看到有关垃圾再利用的新闻，都会感到兴奋，这已成为一种本能的喜好了。看来“再利用”的思想似乎就是我设计的根基。

装帧重新印刷成平版
《艺术新潮》首刊 /《我的手绘字》

あいうえおか
きくけこさしす
せそたちつてと
なにぬねのは
ひふへほまみむ
めもやゆよらり
るれろわゐゑを
ん?!

銀座のよし田で蕎麦をすすっている、
印半纏のお兄さんたちの背なの角字にぐっときた。
きっと何時かは描いてみようとおもっていた。

うい・あー・のっと・ざ・わーるど

きたやま・おさむ

北山修　一九四六年生れ、精神科医、精神分析家、臨床心理学者、作詞家、ミュージシャン。『うい・あー・のっと・ざ・わーるど』（一九八五年、彩古書房）作詞に『帰ってきたヨッパライ』『戦争を知らない子供たち』など多数

Hiraga Kouga

カンディード

Candide ou l'Optimisme

ヴォルテール　堀茂樹訳

昔むかし、心優しく純朴な青年カンディードは、美しき男爵令嬢に恋をしたため故郷を追放され、世界各地を転々とする。最善説を唱える恩師パングロスの教えとは裏腹に、行く先々で数々の不幸や災難に見舞われながら、試練と冒険の旅を続ける。果たして天真爛漫な青年は、行方知れずとなった恋人と再会できるのか？　世界中で名高い古典『カンディード』が堀茂樹の痛快な訳文で現代に甦る！

ヴォルテール　1694年にパリで公証人の息子として生まれ、二十歳を過ぎた頃から八十三歳（1778年）で没するまで、詩、韻文戯曲、散文の物語、思想書など多岐にわたる著述により、ヨーロッパ中で栄光に包まれたり、ひどく嫌われたりした文人哲学者。著書に『エディップ』『哲学書簡』『寛容論』『哲学辞典』などがある。

晶文社

06 受益于戏剧

“没有”的字
自己来画

开始参与戏剧、制作舞台布景的时候，从考证时代的角度来说，如果是昭和初期的故事，街上必然会充斥着这种手绘文字。比如浅草六区的景象就是如此。所以舞台上不能没有这样的文字。简单说就是这么回事。

我喜欢画这样的字。在这个过程中，我开始想自己能否创造出新的风格来，而不是仅仅把那些字当作仰慕的对象。这是件非常困难的事情，写出来的字根本拿不上台面。特别是平假名和片假名，超乎想象地难写。就这样在一步步耳濡目染的过程中，渐渐能画出自己的手绘字了。

《书籍设计的构想》

鳥海修さんは文字設計家である。もし、彼に出会うことがなかったら今の僕はなかったろう。それでもたぶん、装丁家という職業を生業としていることにかわりないだろうが、つまり、ずいぶん作業作法も違ってっていたのではないかと思うのだ。もう二十五年ほど以前のことになるが、購入したばかりのコンピュータを、なんとか仕事に役立てようといじりまわし、そのPCの中には、気にいった文字・書体が無いことに気がついた。そこからの苦心惨憺の日々はさておいて、その苦労は鳥海さんの面識を得ることで、徐々に解消していったのだ。もちろん自己流の方法も編みだし、今日にいたるわけだが、文字・書体はたんに情報伝達のためだけにあるのではなく、文字は文章を書くと同時に、文字を描くこともできるということを理解したのだ。

甲賀

no Book,
no life

本のない
人生なんて

책 없는 인생 따위

若無書本、
何來人生？

Hirano Kouga

06

受益于戏剧

追寻东京昭和十一年（1936 年）的气息

大概是在1973年左右，黑帐篷剧团的佐藤信导演正在准备一出名为《阿部定之犬》的戏，是以阿部定事件为主题的，我负责设计那出戏的舞台布景。事件发生在1936年，在我查找当时的资料时，刚好赶上桑原甲子雄先生的摄影展。从桑原先生拍摄的那些二战前浅草和上野的娱乐场所的照片中，能看到许多昭和初期电影院的海报、大众戏剧的广告旗等画面，我被深深吸引住了。当时的手绘字被称为“图案文字”，带着一种“危险文化的气息”，特别棒（笑）。就是杂志上也经常出现的那种旁门左道的感觉。

（中略）

装帧设计的工作，也有不少是作为戏剧的延长而派生出来的。因此与明体相比，手绘字更接近戏剧的形象。比如设计《鼠小僧次郎吉》这出戏的海报和剧本时，我有意识地借鉴了大正末期电影海报中使用的手绘字的风格。

◤ 充满昭和气息的“图案文字”《大脑》· 单行本未收录

Hirano Koaga

Scrittura ideografica

象形文字のことをイタリア語では、こう綴る。なんとスマートな風情ではないか。それにひきかえ、我が日本語はじつに面妖な姿をしている。『文字』こんな簡単な字形でさえ、いったい誰が作り採用したのか、見当もつかないのだが、いつしかその魔力に取り付かれて、いまでは文字と格闘する毎日だ。小さな部品を巧みに組あわせて意味深長な一文字が出来上がる。冗談とも洒落ともおもえる巧みな技にまんまとしてやられるというわけだ。

Where's The Love
That's Made to Fill My Heart
Where's The One From
Whom I'll Never Part
First They Hurt Me
Then Desert Me
I'm Left Alone
All Alone

by Billie Holiday

躊 弟 读 实 阔 华
则 习 令 贺 对 梦 咳 吕
吸 影 游 吟
一 伊 奇 怪 体 匮
都 劇 市 話 鷗 启 马
夜 支 亭 长
術 氛 议 纠 戏 躇

06 受益于戏剧

海报是剧团的大旗

一般情况下，在必须要设计海报的时候，剧本基本上还八字没一撇呢（笑）。因此，只要能对这出戏要呈现的场景心中有数，至少捕捉到作者的世界观，即便海报和故事没有密切关联也不要紧。与其计较细枝末节，我设计时更在意让海报本身也成为表演的一部分。有时候剧本只写完三分之一，海报却先做好了，我也曾要求编剧“按照我的海报来写”。有时候我还说“这种标题太无聊了”，并擅自更改了剧名。这真是太失礼了（汗）。根据剧目不同，有时先推出海报，有时则推迟公开。（中略）

虽然海报是B1尺寸（1030×728毫米），但制作时并不留边，所以大得吓人（笑）。去张贴的时候，小酒馆里只有厕所才能贴得下。贴完之后经常会被别人说：“啊，把海报贴到什么地方去了？”

而且，由于帐篷剧场在各地巡回演出，海报基本没有发挥出原本的功能。如果想吸引观众，发传单更为有效。尽管如此我还是设计海报，坦白地讲，与其说是为了来看戏的观众，不如说是面向剧组的演员、导演和幕后人员。我想用海报的形式，把自己的想法首先展示给剧团内部：“看，咱们这出戏是这样的！”

把做好的海报拿到排练场，往墙上一贴，大家都吃了一惊，排练场的情绪也一下子高昂起来。总之，海报就像是剧团的大旗，也像是渔船上悬挂的祈愿丰收的“大渔旗”。不过虽然做了这面大旗，观众的上座率却不怎么理想（笑）。

甲贺之眼

我喜欢有个性的插画 《书与电脑》首刊 / 《我的手绘字》

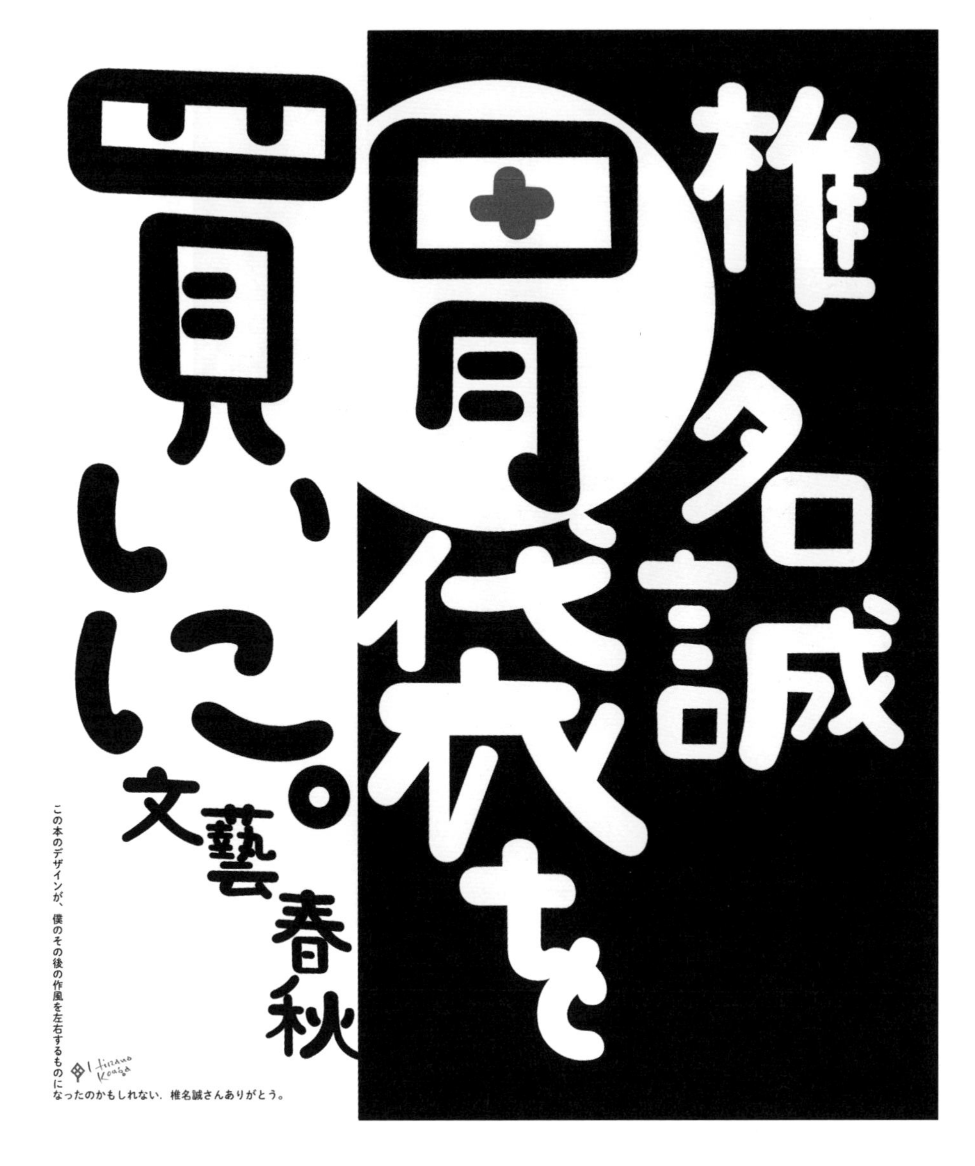

この本のデザインが、僕のその後の作風を左右するものになったのかもしれない．椎名誠さんありがとう。

片岡義男
晶文社
片岡義男
晶文社

歌 カラワン コンサート 迎
タイの〈生きるための歌〉カラワン楽団の2人をむかえて
休業明けの水牛楽団と多彩なゲストによる
水牛きいて
おともだち
スラチャイ・ジャンティマトン
モンコン・ウトック
吉原すみれ
三宅榛名
水牛楽団
矢川澄子
斉藤晴彦
水牛楽団
入場料2000円
10月27日 ㊏7時 10月28日 ㊐3時 欧日協会ユーロスペース
一部を除いて、イラストレーションは柳生弦一郎さん。
光州5月
出演——水牛楽団 モンコン・ウトック 林光 高橋アキ 水木陽子
映画「自由光州——1980年5月」
絵—富山妙子
詩—芝充世
音楽—高橋悠治
(幻燈社・火種プロ)
前売1500円 当日1800円
水牛楽団
6:00開場 6:30開演 協賛—韓民統
5月17日(月)中野文化センター
水牛ミュージックコンサート
サンチャゴに歌が降る
CANTO LIBRE
高橋悠治
八巻美恵
福山敦夫
福山伊都子
西沢幸彦
竹田恵子
林光
水牛楽団
8月27日㊌ 中野文化センター
カラワン
CARA VAN!!
CARA VAN !!
水牛楽団
欧日協会ユーロスペース

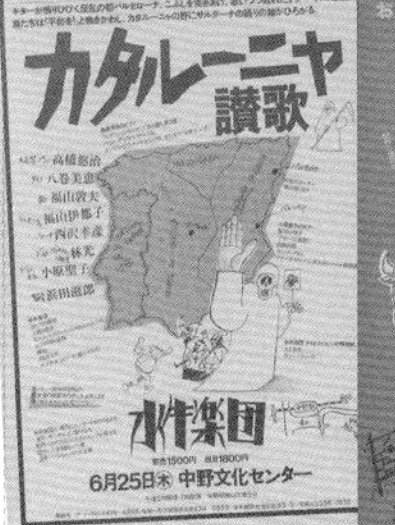
水牛ミュージックコンサート
カタルーニャ讃歌
水牛楽団
6月25日㊌ 中野文化センター

お久しぶりです 元気ですか
水牛楽団
1985年5月15日

バンコクの大正琴
高橋悠治
八巻美恵
福山敦夫
福山伊都子
西沢幸彦
林光
水牛楽団
2月26日㊎ 中野文化センター

9月1日
関東大震災と朝鮮人大虐殺
水牛楽団
9月1日(水)中野文化センター

水牛ミュージックコンサート
加藤登紀子
水牛楽団
11月4日㊌ 川崎市立産業文化会館

07 设计、生活和意见

只不过表明了生活的方式

要问我的设计为谁服务，其实就是一个群体拥有自己的生活方式时，我用一种形式将其展现出来。我认为所谓的生活方式，是无法从外部来评判好坏的，只有自己亲身体验才可感受。如果不坚持这一点，就无法进行设计了。

◤ 书籍制作的周边《平面设计》首刊 /《我的手绘字》

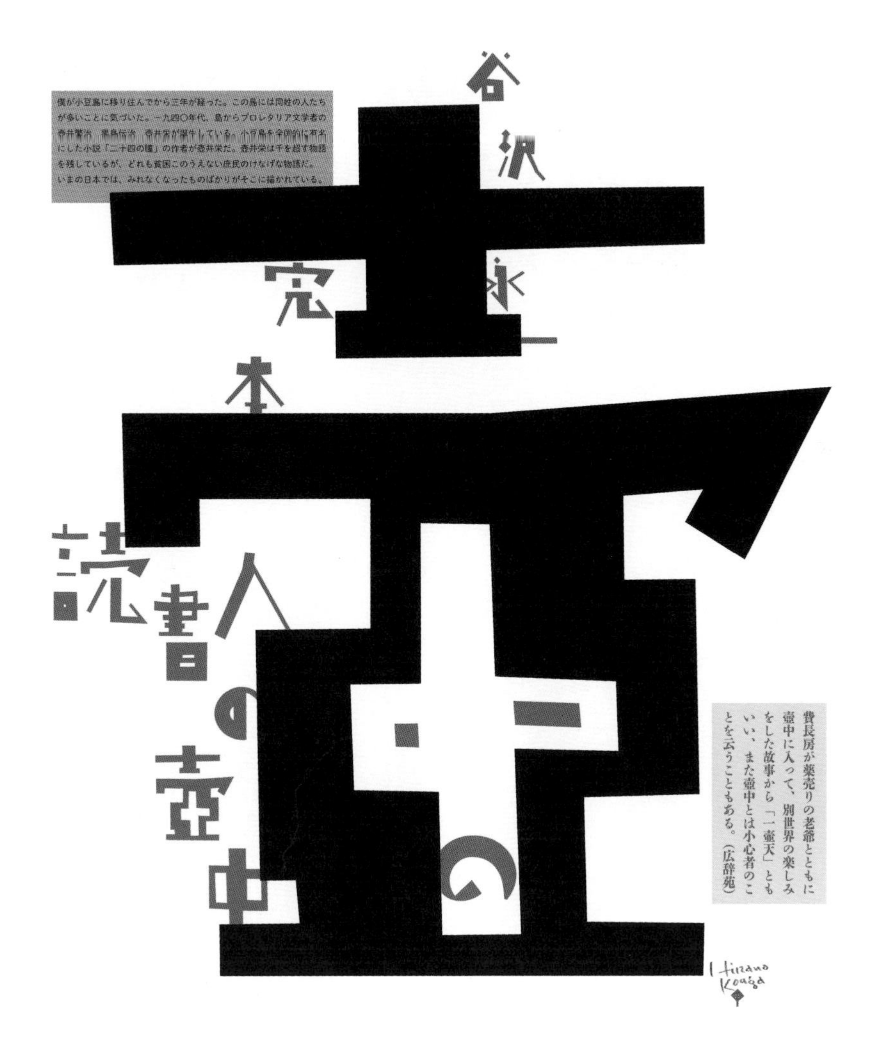

僕が小豆島に移り住んでから三年が経った。この島には同姓の人たちが多いことに気づいた。一九四〇年代、島からプロレタリア文学者の壺井繁治、黒島伝治、壺井栄が誕生している。小豆島を全国的に有名にした小説『二十四の瞳』の作者が壺井栄だ。壺井栄は千を超す物語を残しているが、どれも貧困このうえない庶民のけなげな物語だ。いまの日本では、みれなくなったものばかりがそこに描かれている。
谷沢永一
完本
読書人の壺中
壺
の
費長房が薬売りの老爺とともに壺中に入って、別世界の楽しみをした故事から「一壺天」ともいい、また壺中とは小心者のことを云うこともある。（広辞苑）
Hirano Kouga

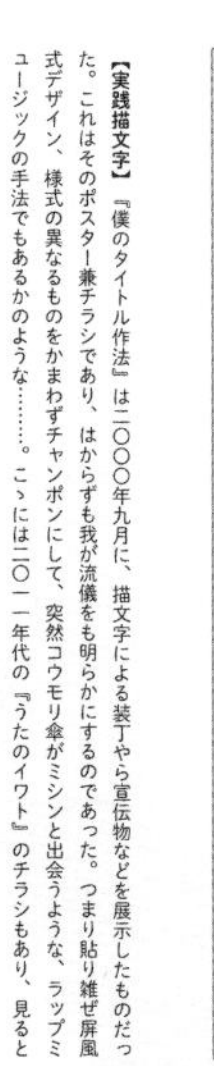

【実践描文字】『僕のタイトル作法』は二〇〇〇年九月に、描文字による装丁や宣伝物などを展示したものだった。これはそのポスター兼チラシであり、はからずも我が流儀を明らかにするのであった。つまり貼り雑ぜ屏風式デザイン、様式の異なるものをかまわずチャンポンにして、突然コウモリ傘がミシンと出会うような、ラップミュージックの手法でもあるかのような……。こゝには二〇一一年代の『うたのイワト』のチラシもあり、見ると

そこに使われている文字などは今日の今日でも時々登場する文字である。ということは、この時点ですでに描文字フォント化計画「コウガゴロテスク」が進行中だったということだ。せっかく描いた文字を、ひと仕事すんだら破棄してしまうのは勿体ない。常用漢字、仮名、欧文や記号、と収容所をきめて保護しようと思った。しかし、以後続々と字形は増え、変形しつづけ、一片のCDではとうてい完結し得ないのだ。さて、どうなることか。

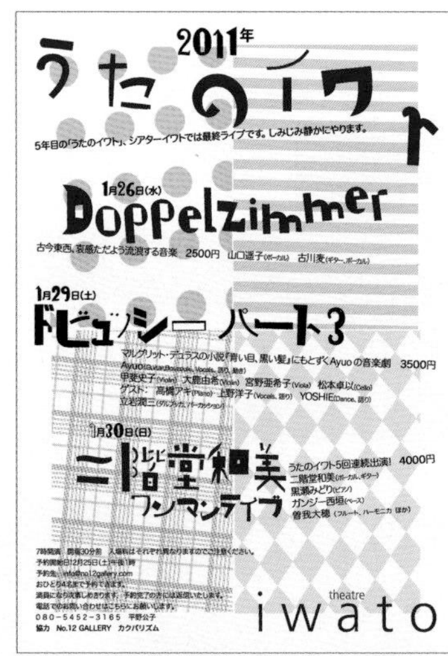

It is
like putting
on the top
and the bottom,
then
packing
it up nicely.
This is
a typical
pictographic
character.

Hirano Kouga

上から下から、しっかりパックして、こりゃ象形文字の典型だね。

翻訳 Kima Wainwright

07 设计、生活和意见

即使电脑也有生活习惯

设计也必须具有对社会的批判性眼光。比如《生活手帖》的设计，把对生活方式的提案以一种具体的形式确立下来。现在虽然已经变成了被戏说的对象，但他们“就要做成这种杂志”的意志已经众所周知了。（中略）

实际上，我在电脑上能感到这种态度。最开始碰触麦金塔的时候，我就感到了其对设计的定位之高。首先是图像软件上配备的工具。比如，光标做成手的形状，可以来拉动、旋转、反转、剪切等等，让我感觉好像是用到了熟悉又顺手的老工具。现在自然是理所当然地这么用，而当时因为有了“剪下和贴上”功能就不再需要剪刀和胶水，还兴奋得不得了（笑）。至于文件夹和文档，就像以前常见的一种住址录，对准要找的“字头”咔地一按，写有地址的那一页就啪地打开了。图标的概念，在俄罗斯前卫艺术家利西茨基和马雅科夫斯基携手设计的诗集里就已经出现了。在书页的边缘，每一章都印有小小的标识。

我们不放弃以往积累起来的技巧，而是仔细将其进行整理分类。这些当然都是建立在生活习惯和生活方式之上的。不过，把这些事讲给现在那些从小就接触电脑的孩子们听，他们是不会有一丝感动的。

甲贺之眼 我喜欢有个性的插画 《书与电脑》首刊 /《我的手绘字》

よごれてゐない一日

金子光晴

あいなめ叢書

Hirano Koga

あいうえお
かきくけこさし
すせそたちつて
となにぬね
のはひふへ
ほまみむめ
もやゆよら
りるれろわ
ゐ
ゑをん

小豆島の札所常光寺さんから小さな雄猫がきた。
ほわほわの白い毛に明るい茶のまじった、いかにも頼りなさげなヤツがきた。
とりあえず慈空和尚さんに因んで「ソラ（空）」と命名した。
ここは真言宗の地場でもあるし
空海さんの空でもある。

07

设计、生活和意见

接地气的设计

▼ 《文字的力量》新闻稿

你问我“什么是设计？”，我可讲不出什么堂皇的设计理论来。好吧，稍微讲一些。比如经常有人说，我把俄罗斯前卫艺术或是未来派的文字作为样板。确实，我从感觉上喜欢那样的风格，实际上也深受影响。但我最想追求的，是那种时代精神，或者说是那个时代的表现手法中的底蕴。比如红梅奶糖的包装，脱衣舞厅的海报，作为20世纪20年代平民阶级的设计，其实也已经渗透到了日本。它们的共同之处是，并非光鲜细腻，虽然有缺陷却并不拙劣；虽然有风格但并不俗气，不会将作者的趣味暴露无遗。这种草根式的考究，甚至让我感觉到反抗的力量和气概，因而也能为大众所接受。也许这是只有一部分人才能理解的道理，所谓设计，原本就是这样的，或者说也不过如此而已……我觉得，如果声称好的设计应该如何如何，从而排除一切世俗不雅内容的话，是经不起质疑和考验的。

めよう。

抽象とは本質に着目し、それを抽き出して把握し、他の不要な性質を排除する捨象を伴う。抽象と捨象は作用の二側面を形づくる。てもなんて『象』なんだ?

殷代は気候が温暖な時代であり、黄河流域にも象が生息していた。西周中期以降には気候が寒冷化し、それに伴い黄河流域の象は絶滅した。象は狩猟の対称でもあったが、飼育され祭礼などに登場することもあったという。文字上部の「ク」は長い鼻を振り上げたさまを表している。

（甲骨文字小辞典より）

07

设计、生活和意见

生活和意见

到目前为止，我都一直在思考手绘字的效果和作用。书名或者标题本身就是一种雄辩的句子，我只需按照作者的论点来描画文字即可，有时再将其拔高一些。不过文字所表现的任何内容中，都隐藏着之所以如此的理由和意图。因此，不管你愿不愿意，文字的形状都反映出手绘者的生活和意见。画出的手绘字有时是难以接受的样子，有时又是普通到不能再普通的形状；有的文字无论如何都无法成形，有的又是根本没有兴趣画……遇到这种时候，我就会给自己鼓劲：一边饱尝各种创作的痛苦，一边全盘接受下来，对于手绘文字师来说这是当然的职责，也是最能展现自己实力的地方。

◤ 《我的手绘字》

富士さんとわたし
手紙を読む
山田稔
編集工房ノア

Hirano
Kouga

二十億光年の孤独
谷川俊太郎
谷川俊太郎先生処女詩集
Hirano Kouga

親子そば
三人客
鏡花

07 设计、生活和意见

兴趣的思想化

小野二郎曾写过一篇名为《威廉·莫里斯与世纪末》的散文，其中提到“兴趣的思想化”。对此我深有同感，将其理解为“在所有生活细节中都贯穿同样的思想”。

与人的交往也是如此，个人的喜好占据的比重很大，因此也包含在小野先生所说的“兴趣”之中。在这个意义上，与朋友和家人的交往自然对我的工作影响巨大。我的生活方式、与家人的关系、健康状态，与我思考的内容、创作出来的作品，肯定是一脉相通的。

> 说书的故事中经常会出现这样的情节：平时让老婆伤心的醉鬼，只要一拿起刨子就变身为日本最棒的木匠。我认为那都是骗人的。如果是艺术家，或许会有那种在某一方面极为出色、和疯子半米之隔的类型，但匠人却不是这样。
> 因为我就是匠人，完全是作为匠人来追求“兴趣的思想化”。

◤ 《平野甲贺“装帧”术》

装
うまれて此の方、革装天金なんて本は手掛けたことはない。
だから夢を見るなら、火星のワブ皮*で装丁して
みたいと思ったり……。
*フィリップ・K・ディックの「ふとした表紙に」というSF小説に登場するワブという不死身の動物の皮革のこと。出版業にたずさわる者にとっては当然知ってしかるべき材質である。
Hirano Kouga
家の見る夢

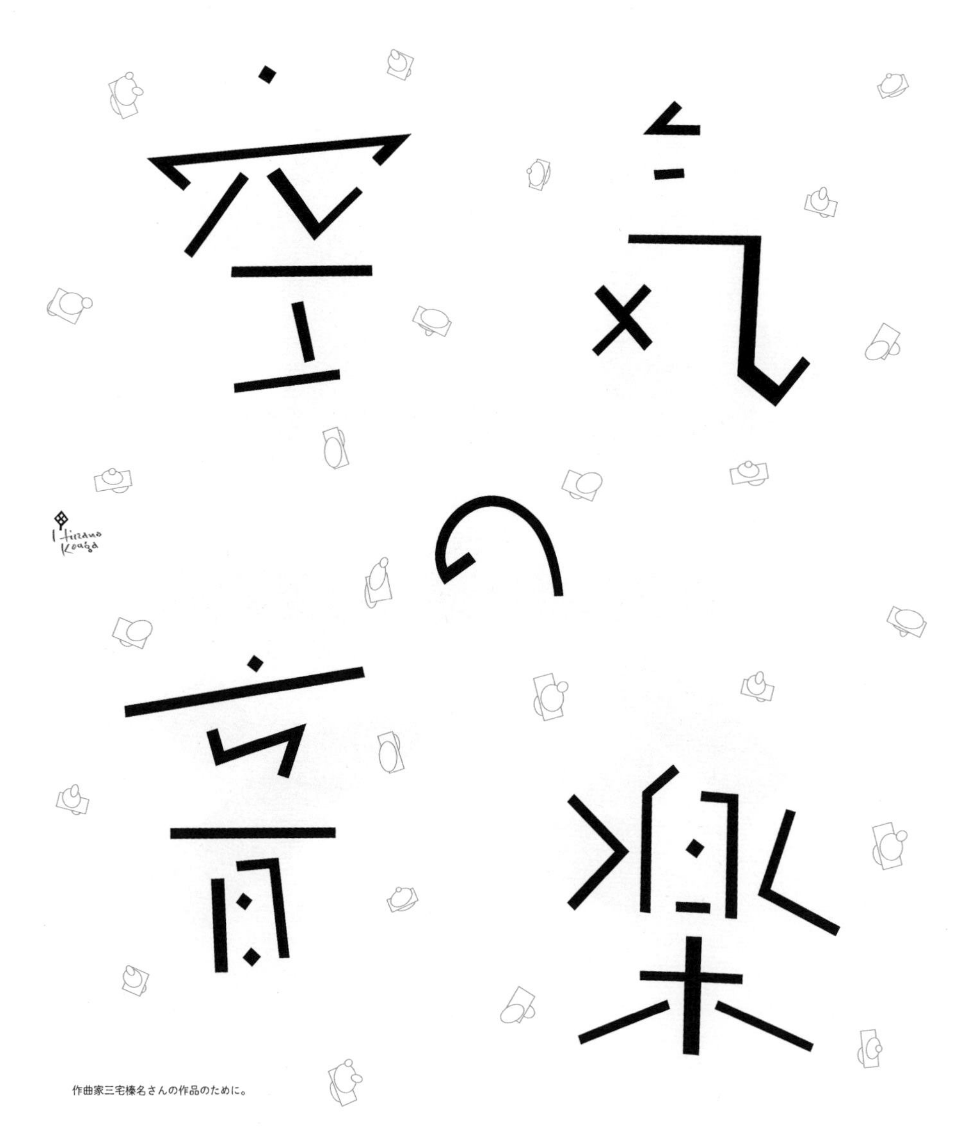

作曲家三宅榛名さんの作品のために。

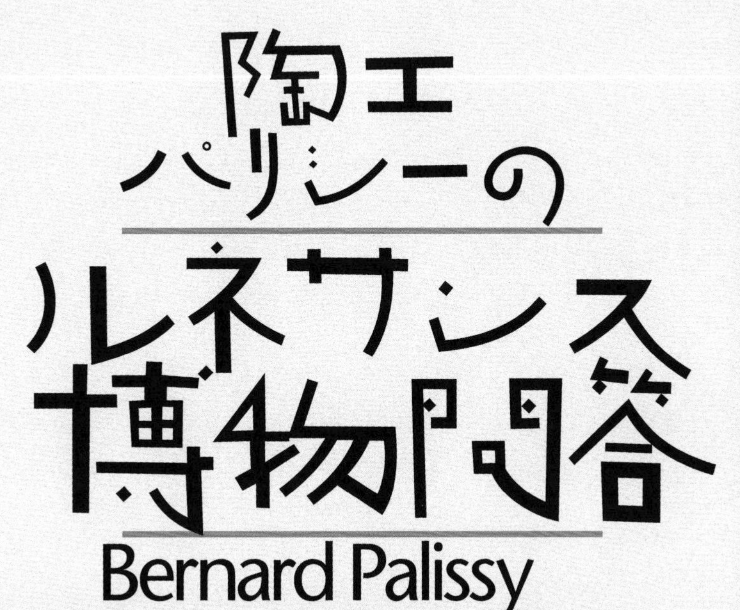
陶工
パリシーの
ルネサンス
博物問答
Bernard Palissy
RECEPTE VÉRITABLE
1563

Hirano Kouga

2016 申年、猿の尻笑い。自分の欠点を顧みず他人を笑う。ということ。

08

在字体
和
手绘字之间

文字中的
文字

我要举办一个名为 “文字的文字”展览会。为了文字的文字，或者像“男人里的男人”那样，有很多强势的“文字中的文字”。于是，我把沉睡在硬盘或备份深处的“手绘字”都叫醒，请它们再次登场。数码档案无需拍灰掸尘，无论过了多久都是崭新的……

可是，结果怎么样呢？这些字既顽固又滑稽，怎么看都觉得是充满老朽气味的玩意。甚至连当年固执己见，误认为这就是个人风格的我，都生动而鲜明地复活了。就像是某些食物虽然声称有足够的鲜度却早已过了保鲜期，在冰箱的角落里新鲜地干枯了。

◤ 《描绘文字》

風が吹いてきたよ
森がざわめきだしたよ
雨も降ってきたよ
鳥も歌をやめたよ

川があふれ出したよ
大きな岩が流されていくよ
山も崩れだしたよ
泥の波が押し寄せるよ

みんな均されてゆくよ
平らに　平らに　平らに
雨も風も止んだよ
陽がまた輝き始めたよ

陽がまた輝き始めたよ

風が吹いてきたよ
作詞　朝比奈尚行
作曲　朝比奈尚行＋今井次郎
風が吹いてきたよ
Hirano Kouga

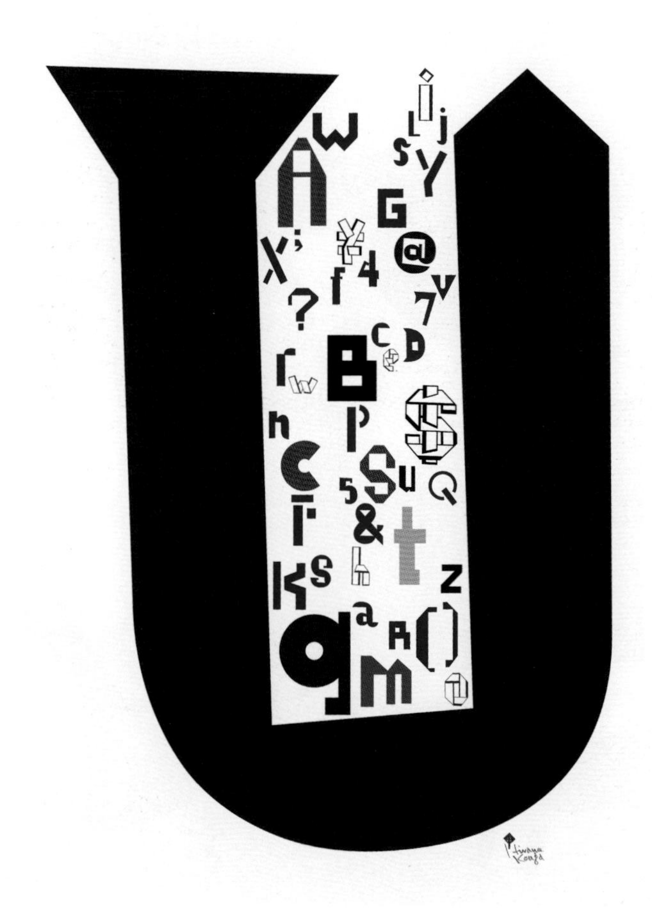

Barnacle Island

Patrick Tsai

潜水球

パトリック・ツァイ

通称パトは台湾人、しかし国籍は米国、アメリカ人。
どういう経緯だったのか、この小豆島に上陸して「地域起こし隊」の一員となり、
町の多少の援助を受け、島の日常を写真に撮りはじめた。島の老人や子供たち、
動物たち。彼はシャッターを切る。撮しだされたのは見過ごされる日常だ。
かれは島のことを Barnacl（フジツボ）という。そんな生息海域にじっと 潜水球を下ろす。
しかし観察者の眼はやさしく、あたたかく、自らもそな仲間といつのまにか
同化していくようだ。イラストレーションは村上慧くん。

08 在字体和手绘字之间

下一步
制作“甲贺奇怪体”

将有用物转换为无用物。在几次展览会上，我尝试把以前写好留着的文字排列在稿纸的格子中，相比装帧更偏重文字本身。也许是只有写出这些字的人才能体会，构成语言的每一个假名每一个标点，都有难以舍弃的精彩之处。倾注到每一个字里的想法，和非常希望展示给别人的心情交错在一起，做成了类似格式样本一般的展品。

我也曾想过制作手绘字的常用汉字字库。让一个个凹凸不平、个性迥异的文字，不局限在同一个文体里面，而是让它们带着个性存在，无机地组合成一篇文章，会成为什么样子呢？于是我试着组了版，没想到意外的有趣，对我来说甚至可以称为痛快。我强行把它和“混贴屏风”——也就是拼贴画，当然还有用剪下来的各种文字重新排列而成的“恐吓信”拉上关系。

◤ 《我的手绘字》

虎の子渡し

虎が三子を生むと、一子は彪で他子を食らうので、
水を渉る時まず彪を渡し、次に別の子を渡して彪を渡し返し、
さらに残りの一子を渡し、最後に再び彪を渡したという説話にもとずく。
苦しい生計をやりくりするたとえ。（広辞苑）

イワト

ファイル・ケースの中味をかきまわしていたら、Mai Shojiというタイトルの小冊子がでてきた。これは以前に発行していた『イワト』という小冊子の表紙イラストレーションをお願いしたことがあった庄子舞さんの画集だった。彼女は障害者である。「アトリエA」という障害のある子供たちのグループに参加していた。当時われわれが運営していた劇場を一日中開放して、彼らと遊ぶ日にした。壁面や床に大きな紙を広げたり、小さなステージもつくったりした。はしゃぎ騒ぎまくる子供たちのなかで彼女は黙々と絵を描いていた。

紙の切れはしやら、紙の隅っこに……。その画集は、そんな小さなカットを貼り混ぜて作られたものだった。それは着飾った友達や身近にあるさまざまなものを独特な図面のような表現で描いたものだ。そしてあるものには、カットのそばに名前とおぼしき文字も書かれている。しかし、それは読めそうで読めない謎のような、暗号のような……。そこで、ふと気になった。もしかしたら我が装丁デザインの技もこんな風なもんなのかもしれないと……。

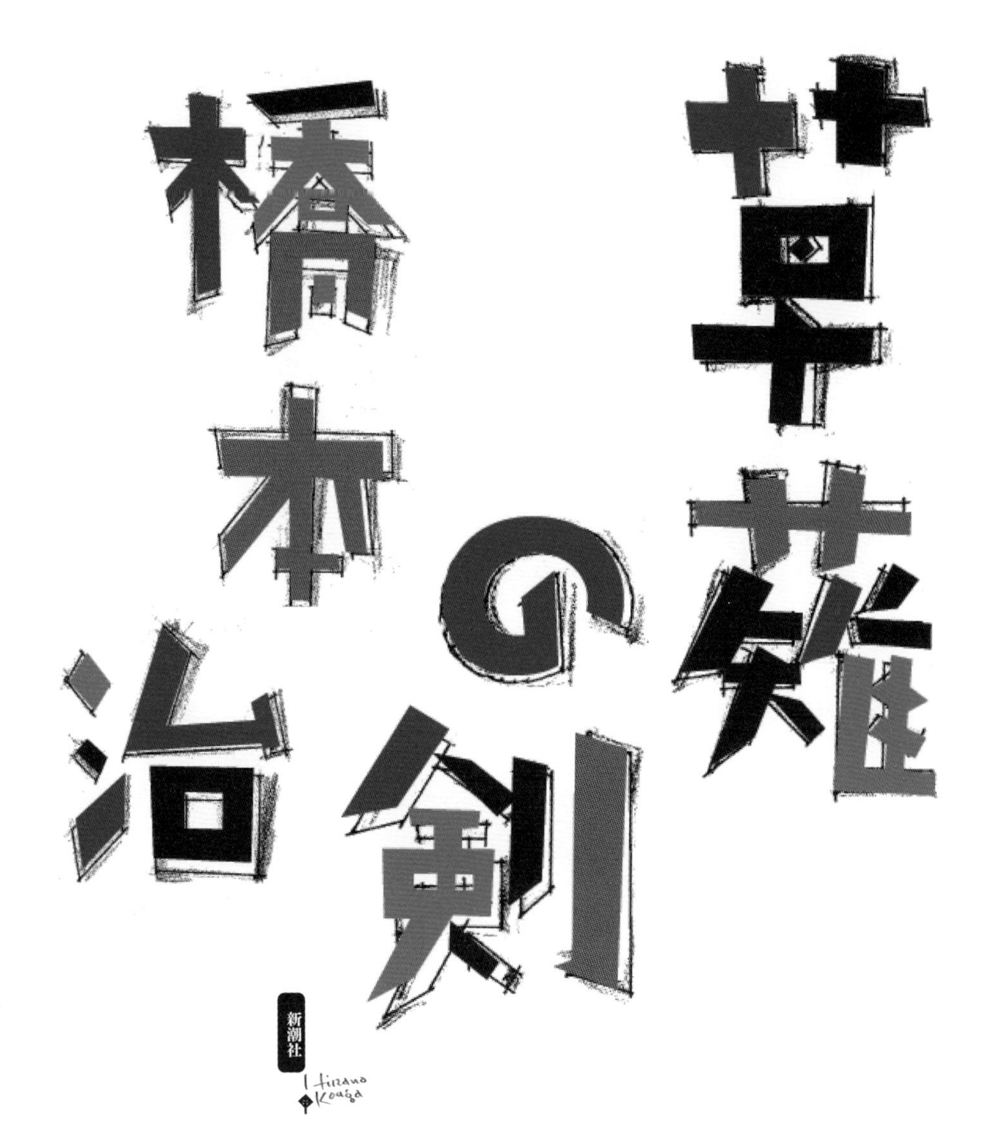
草薙の剣
橋本治
新潮社
Hirano Kouga

08 在字体和手绘字之间

虽说是标识派……

说起来我应该算是标识派。不管是五个字、三个字还是一个字，都有那个文字代表的内容。因为我主要做装帧设计，翻开书页，里面写着详细的内容，那是书的主体，所以我先要读一遍。我会把对书的印象，乃至文如作者其人的特点，都反映在手绘字上。这样一来就变成了标识。（中略）必须要说明的是，虽说我是标识派，但是像《艺术新潮》这本杂志的标题，无论冬夏都用同样的字体。如果让我来画，我想夏天就会有夏季艺术新潮，冬天就会有冬季艺术新潮。所以说并非是纯粹的标识，而是受到社会形势，或者当时的气温或湿度的影响。

◤ 平野甲贺 × 川畑直道
嘉宾：小宫山博史 “手绘文字考”第一回

手绘字是否和电脑字体不相容？

从一开始我就说，手绘字是一种被季节和社会状况左右的时令标识。也有“不宜库存”的说法，因此手绘字不适合作为字体——也许确实如此。尽管这么说，电脑字体仅限于明体或黑体字这种出身清楚、形式成熟、已获得国民的共识，也能赚钱的字体就够了吗？
只有这几种的话多么无趣。
为什么要做呢？如果说“书法”是权威和威力的文化，那么“手绘字”就是恐吓信的文化。不都是一回事吗？但有一些不同。和恐吓信一样，“手绘字”是虚虚实实、昭然若揭的伎俩。这是它的卖点，也是我的生活态度。

◤ 《描绘文字》

読んだ本はどこへいったか

私の脳は読んで
の如きもの、灰色の脳があるなら黄色い脳だってある。

(有)宮澤電気
Gauche, le violoncelliste, his au placard
原作・宮沢賢治 作・山元清多 演出・斎藤晴彦
窓ぎわのセロ弾きのゴーシュ
平成派遣版
劇団黒テント 第69回公演 2010年4月4日～14日 シアターイワト
やろうと思えばやれたんじゃないか。
とは妙なキャッチフレーズだな、窓際のゴーシュ君
にだって、やりたいことは沢山あった。
掃除のおばちゃんとジルバを踊り、
産気づいた同僚の細君の面倒を
みなければならない……。
奇才、山元清多と
天才、斎藤晴彦が綴る、
平成派遣版、宮澤電気提供。
哀愁漂う、やろうと思えば
やれた世界。

08

在字体和手绘字之间

标识和恐吓信

收到一封用报纸或杂志的大标题上剪下的字重新排列而成的“恐吓信”，于是画面变成特写镜头——这是那些熟悉的侦探片中的著名场景。我不禁微笑起来，眼前首先浮现出一个规规矩矩地坐在在桌前，手拿剪刀，仔细粘贴的犯人形象。

把带有各种音色的汉字，按照其音读或训读一个个进行设计，变成单音。再把它们组合起来成为不谐和音，是否能创造出更为复杂的旋律来呢？这和设计标识的方法不同，倒不如说与制作“恐吓信”的手法相似。

顺着一个标题酝酿出的情感来描绘文字或者组版，这也许是文字设计的正道，我却一直无法忘记那个“恐吓信”——把歪歪扭扭的文字组合在一起提出无理要求。但是，实际上那些文字不过是歪歪扭扭地浮游着。

◤ 《描绘文字》

わかるようでわからない「影の反オペラ」　一つの声に潜むたくさんの声　よみがえる反権力の野の夢　モンテヴェルディの「オルフェーオ」の鏡像に　シューマンの「夢のもつれ」や　水の女メリザンドの影を映して
波多野睦美（声）　高橋悠治（ピアノ）　Ayuo（ブズーキ）　2010 シアターイワト

草の
記憶
椎名誠

袋小路の休日
小林信彦

08 在字体和手绘字之间

明体的真面目

我想把前几天和书籍设计师祖父江慎的谈话记录下来。仍旧是关于文字和组版，特别是日文组版这种只有日本人才有的习惯。对于那种规规矩矩的性格——四方的坐垫上不论放什么，只要坐垫排列整齐就先松一口气，毫无疑问我也是如此。因为我认定这样才美，否则就不易读。这时祖父江先生拿出了一本木版印刷的福泽谕吉的《劝学篇》[1873年（明治六年）] 。打开一看，文章是用连体字写的。到了第四章，则变成了活字组版（坐垫组版），再往后翻，不知不觉中又回到了连体字。

对读者来说，究竟什么才是美？才是易读呢？这里还有一个话题，就是日本人最爱的明体。明体中汉字的设计规则，是经过百年以上岁月打磨而成的，而假名却仍旧是书法形式，就是楷书体。这时，祖父江先生兴冲冲地向我展示了明治初期的尝试，让我大吃一惊：那个时代已经有人努力想把构成明体的元素也应用在假名上了。但是，这样的话就太简单武断了，缺少学术性、智慧的光辉和品位。

仔细观察一下明体，汉字是中国明代的风格，平假名是平安时代的格调，片假名则好似僧侣在经文上标注的读音符号。原来如此，我忽然悟出日本人喜欢的明体，实际上是一种合成字体。它的真面目，原来就是我最喜欢的“混贴屏风”。

《描绘文字》

60年代から70年代のはじめころは真黒だった。友人のタンスの抽き出しをあけると、とにかく黒、どれをどうひっぱり出しても真っ黒だ。60年代の末にビッシリ入れれば500人ははいろうかという巨大テントを作った。両サイドをそれぞれトラックでひっぱり、それぞれに取り付けた鉄の腕でツッパルと、まるで黒蝶が飛ぶ寸前のように羽をひろげ、たちまち劇場が出現した。舞台も客席もオペレータ席も、おなじ空間。そして天井も外壁も、もちろん黒のシートで囲まれた巨大黒色テントだ。僕たちはこの移動する劇場を拠点として列島縦断公演を敢行。海洋博の便乗沖縄公演ではついに警察と一悶着。大雪の後楽園球場。開発以前の夢の島での上演。など黒色テントで生まれた、いまだ忘れがたい名作上演数知れず、そして黒色アナーキスト魂は永遠に不滅だ。

Hirano
Kouga

F・Kafka
可不可
カフカは、上から読んでも下から読んでもカフカ。兼好法師は『徒然草』(上巻三十八段)て，可は不可にして可不可は一条と言っている。

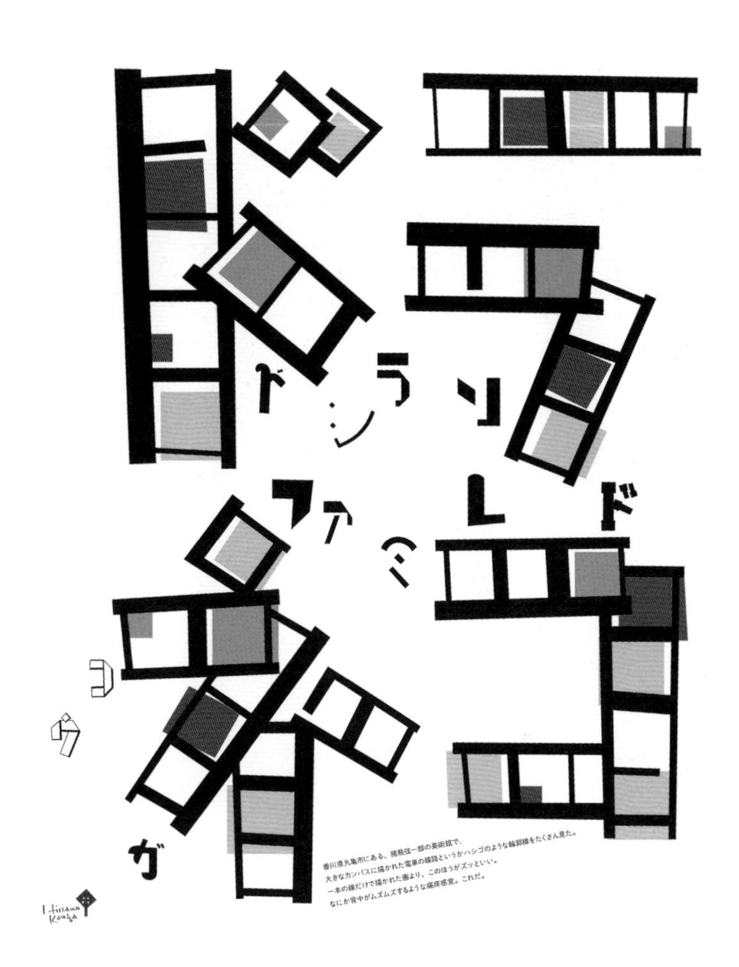
ドシラソ
ファミレド
コウガ
香川県丸亀市にある、猪熊弦一郎の美術館で、
大きなカンバスに描かれた電車の線路というかハシゴのような輪郭線をたくさん見た。
一本の線だけで描かれた画より、このほうがズッといい。
なにか背中がムズムズするような痛痒感覚。これだ。
Hirano Kouga

08 在字体和手绘字之间

对着汉字表“一寸之巾”，今天也手绘文字

日本文化审议会1981年公布的《常用汉字表》共收录1945字，加上日本工业规格（JIS）汉字第一水准码，以及平假名片假名两种类型，总共大约三千四百多字。我曾乐观地估计，至今手绘过的文字应该过半了吧。没承想连常用汉字都没画完一半。十几年来，我觉得自己一直在埋头手绘文字，实际上不过是反复画了相同的字。总之先把汉字照表排列出来，看到那么多的空栏，几乎陷入想要放弃比赛的状态。但现在也不能投降了，只能抱着进行加时赛的决心埋头画下去。

我的日常生活从早上九点左右开始。精力最集中的上午用来处理揽下来的活儿。下午随处散散步，或是商量工作，处理各种琐事。晚上是读书和看电视的时间。读书基本上只读科幻或推理类的，最近尤其喜欢大部头作品。不过一旦开始做手绘文字的电脑字体，就无法如此悠闲了。因为遇到了一个女翻译家的文章，她特别爱用深奥的汉字。“啊，这个字我没画过！啊，这个也没有。”类似的情况接踵而至，完全读不下去，又无法跳过，使用的汉字也不由分说地进入到JIS汉字第二水准码的范围。

因为考虑到画起来大小合适，以及素描本和扫描仪的尺寸，我把字数定为一次九个字。用铅笔画草稿，很想画出九种类型，但总是无法如愿。文字各有风格，而我自己不同时候的倾向也不一样。因此隔一段时间之后再看画好的文字，满眼都是这样那样的缺点，一时间甚至想退出人生舞台。

三千几百个字，一个一个地填入“一寸之巾”——有一些字体设计师这样称呼汉字表。好似写经一样的艰苦历程终于快要到头了……不不不，没有那么简单。再次仔仔细细地看一遍，绝不能让你的烦恼乱了心。

◤

《描绘文字》

Said the straight man to the late man.
Where have you been
I've been here and
I've been there
And I've been in between

その船にのって

http://sonofune.net/

鶴見　交換船に乗る前、収容所に入れられていたとき、アメリカの政府から役人がやってきた。「交換船が出ることになった。乗るか、乗らないか」。これはとても民主的だと思うんです。最後まで選択ができた。私はそのときにね、乗るって答えたんです。……
　私は日本は必ず負けるという、必敗の確信をもっていた。負けるときは、負ける側にいたかった。

1942年6月、戦時下のNYと横浜から、「日米交換船」が出航。
若きハーヴァード大生だった鶴見俊輔が初めて明かす、
開戦前後と航海の日々。日米史の空白を埋める証言と論考。（『日米交換船』帯文より）

「その船にのって」は小豆島発の電子マガジンのタイトルである。
その船の字形は「日米交換船」の「船」と同じだが、
そこになにか共通の意味があってのことではない。
あるとすれば、鶴見俊輔先生へのオマージュなのだ。

校了となった装丁をみて、描き文字をすぐに直したくなる、
スケッチであんなに描いたのに。
数十年前に戻り、気になって直したい文字に手を入れ、
あらたに描いた文字も加えて100作にして，こいに。

08 在字体和手绘字之间

从台中到京都、东京，然后是上海

在京都ddd画廊举办个展的时候，我为了让几十年积累下来的手绘字再次登场，制作了个展作品集，也可以说是个展图录。用自己的打印机把样品打印出来，贴满工作室的墙面。我每天望着这些作品，发现不理想的地方就一点点加以修改——这是只有在数字时代才可能的工作。或许，正是这种既细致入微又轻松就能完成的工作方式，推动了缺少张力、质量不高的作品层出不穷？我一边这样想着，作品的数量一边在不断地增加。

▼《描绘文字》

有一天，突然有两位中国人——杨伟先生和李其然女士来到我家，用不太熟练的日语和我打招呼。我以为他们是去参加濑户内艺术节的游客，然而却不是。他们提到我一年多前在中国台湾台中市的一间非常小型的画廊绿光＋marute中举办的小规模个展。展览期间，我接受了中国台湾当地一家设计杂志的采访，说已制作了“甲贺奇怪体”的字体CD并在销售。杨先生询问到哪里能买到这个CD。与现实社会严重脱节的我有些不知所措，但他们说已经从《我的手绘字》（MISUZU书房《我的手绘字》的中国台湾版）一书中完全了解平野先生对于文字的想法，看来已经对我做过了研究。他们在上海经营一家名叫“锐字家族”的字库公司，因此对我的工作方式非常感兴趣。我告诉他们，我的个展从台中到京都ddd画廊，最终要在东京银座的ggg画廊举办。他们说会去看。

2018年1月22日，在银座ggg画廊展出的第一天。锐字家族的三位访客拎着一大本资料出现了。快速翻看了一下，其中有他们制作的中文字库编码表。最下端竟然贴着我的“甲贺奇怪体”中能够应用于中文的部分。不过，这个表几乎还全是空白的。这是没办法的事情，因为日语中既有汉字又有假名。汉字之国的中国，在1956年公布了“汉字简化方案”，推行简体字，但即使这样也需要7000～8000个文字。

于是，我翻阅了参考书《日中对照 简明简体字字典》（石泽诚司著，石泽书店），仔细观察简体字的字形，发现非常有趣。正如日本的假名一样，其形状是为了读、写、传达而制作出来的。再前进一步的话，中国也会出现汉字假名混入的文章。我从一开始就使用“描绘”汉字（文字）这种表现，这是因为我觉得汉字是一幅绘画，能从文字中看到风景。这是完美的象形文字。我暗自想到，在此之上再进行简化，最终会不会就变成假名呢?

总之，展览开幕当天的对谈等环节都顺利完成了……接下来，为了开幕去干杯吧！结果一出展厅，外面是漫天飞雪。

我回到小豆岛的家中。两三天后，锐字家族来联系说也想在上海办展览，并寄来了展厅的平面图和外观图。图上还特别附上了说明，称这一带是求知欲旺盛的人们聚集的地方。这真值得庆幸。在个展的出发地中国台湾，听说就有年轻女性指着我画的“般若心经漩涡”，一边确认上面的字一边读出来，遗憾的是我没能在现场看到。作为手绘文字师，这是一件无比幸福的事情。

5月7日，在上海开幕的展览盛况空前。寄给我的记录照片中，有许多孩子们在地板上铺开纸画画的镜头。以我的那些挂在墙上的文字作品为主题，孩子们按照自己喜欢的方式描绘文字、涂上颜色、加上插图，自由自在地玩耍。原来如此，这才是文字啊……

出典一览

·

单行本收录

《平野甲贺“装帧”术·心爱之书的形式》晶文社1986年7月刊

《文字的力量》晶文社 新闻稿1994年10月刊

《描绘文字》SURE 2006年7月刊

《我的手绘字》MISUZU书房 2007年5月刊

《书籍设计的构想》SURE 2008年6月刊

《今日谈昨日事》晶文社 2015年5月刊

·

单行本未收录

有手绘文字的装帧 《设计的现场》1986年12月

重新凝视文字，能看到设计的问题 《头脑》2005年3月

访谈“平野甲贺的文字和运动” 《思路》No.345 2011年3月

平野甲贺×川畑直道 嘉宾＝小宫山博史“手绘文字考”第一回 网络版

作品一览

001 小岛信夫《静温的日子》1987年 讲谈社 装帧·手绘字书名

002 米兰·昆德拉《相逢》2012年 河出书房新社 装帧

003 长田弘《餐桌一期一会》1987年 晶文社 装帧·手绘字书名

004 高桥悠治《卡夫卡 夜的时间》2011年 MISUZU书房 装帧·手绘字书名

005 山口谣司《日语创造者》2016年 集英社International 装帧

006 “鬱”（为个展创作/单字系列）2016年

007 西川祐子《第一人称讲述樋口一叶》1992年 Libro port 装帧·手绘字书名

008 都筑道夫《成为推理作家之前》2000年 freestyle 装帧·手绘字书名

009 岛田雅彦《伪作家的真实生活》1986年 讲谈社 装帧·手绘字书名

010 坂口安吾《不连续杀人事件》2018年 新潮文库 装帧

011 “コンソレイション”（为个展创作）2016年

012 “东京造型大学”海报 2000年

013 “般若心経”（为个展创作）2016年

014 筱山纪信·中平卓马《决斗写真论》1977年 朝日新闻社 装帧重制 2018年制作

015 “好文字（朱）”（为个展创作）2016年

016 “好文字（青）”（为个展创作）2016年

017 “波”（为个展创作/单字系列）2016年

018 “斯达拉小调”试作 2018年

019 黑川创《京都》2014年 新潮社 装帧

020 “遠近”（为个展创作）2016年

021 长谷川四郎《文学的回想》1983年 晶文社 装帧·手绘字书名

022 高桥悠治与斋藤晴彦“冬之旅”演奏会宣传单 2006年 神乐坂IWATO剧场

023 津野海太郎《最后的读书》2018 新潮社 装帧
024 大西巨人《神圣喜剧》1991年 筑摩文库 装帧
025 津野海太郎《对门的剧场 同时代演剧论》1972年 白水社 装帧·手绘字书名
026 C. 道格拉斯·拉米斯《激进的日本国宪法》1987年 晶文社 装帧·手绘字书名
027 德川梦声《话术》2018年 新潮文库 装帧
028 舒乙《北京父亲 老舍》1988年 作品社 装帧·手绘字书名
029 平野甲贺《今日谈 昨日事》2015年 晶文社 装帧
030 镰田慧《自立家族》2001年 淡交社 装帧·手绘字书名
031 “灵庙”（石版画作品）1992年制作 2016年重制
032 《成田三树夫遗稿句集 鲸之目》1991年 无明舍出版 装帧 2018年重制
033 “猫の歌”（为个展创作）2016年 图：柳生弦一郎
034 “函”（为个展创作/单字系列）2016年
035 “いろは”（为个展创作）2017年
036 卡雷尔·恰佩克《园艺师12个月》（虚拟装帧石版画作品）1992年制作 2016年重制
037 “辻”（为个展创作/单字系列）2016年
038 “豖”（为个展创作/单字系列）2016年
039 高桥悠治演奏会“季节轮回与不规则谱写的儿童音乐”海报 2017年 浜离宫朝日音乐厅 图：柳生弦一郎
040 小林恭二《瓶中的旅愁》1992年 福武书店 装帧·手绘字书名
041 “無”（为个展创作/单字系列）2016年
042 辻桃子《愉快的俳句》1988年 朝日新闻社 装帧·手绘字书名
043 江户川乱步《阁楼的散步者》（虚拟装帧石版画作品）1992年制作 2016年重制
044 片冈义男《少女时代》1990年 双叶社 装帧·手绘字书名

045 小林信彦《校定本 日本的喜剧人》2008年 新潮社 装帧·手绘字书名
046 玉川信明《我是浅草不良少年》1991年 作品社 装帧·手绘字书名
047 小泽信男《舍身者》2013年 晶文社 装帧 图：mirocomachiko
048 小岛信夫《残光》2006年 新潮社 装帧·手绘字书名
049 黑帐篷公演“寻找作者的六个出场人物”宣传单及海报 2009年 神乐坂IWATO剧场
050 “内泽旬子的插图与收藏书籍展” 宣传单 2012年 IWATO工作室
051 北杜夫《在夜与雾之隅》2013年 新潮文库 装帧·手绘字书名
052 康奈尔·伍里奇《旋入深渊的华尔兹》（虚拟装帧石版画作品）1994年制作 2016年重制
053 古今亭志辅《师傅乃针 弟子为线》2011年 讲谈社 装帧·手绘字书名
054 “角かな”（为个展创作）2017年
055 北山修《四海非一家》1985年 彩古书房 装帧·手绘字书名
056 伏泰尔《憨第德》2016年 晶文社 装帧 图：木村樱
057 鸟海修《制字工作》2016年 晶文社 装帧·手绘字书名
058 “あいうえお”（为个展再创作）2017年
059 “没有书的人生”（BOOKUOKA文库书皮）2017年
060 “文字”（为个展创作）2016年
061 “Left Alone”（为个展创作）2017年
062 “甲贺奇怪体”（甲贺奇怪体简体字版）2018年
063 椎名诚《买胃去。》1991年 文艺春秋 装帧·手绘字书名
064 片冈义男《后记》2018年 晶文社 装帧
065 水牛乐团演奏会宣传单 1978-1984年
066 谷泽荣一《校定版 读书人的坛中》1990年 潮出版社 装帧·手绘字书名

067 “我的书名创作法”个展宣传单 2000年 Morisawa平面设计空间

068 “密”（为个展创作/单字系列）2016年

069 金子光晴《干净的一天》（虚拟装帧石版画作品）1992年制作 2016年重制

070 “角角かな”（为个展创作）2017年

071 “空”（为个展创作/单字系列）2016年

072 “諦”（为个展创作/单字系列）2016年

073 “象”（为个展创作/单字系列）2016年

074 “ローマ字”（为个展创作）2016年

075 山田稔《富士先生与我 读信》2008年 编辑工房NOAH 装帧·手绘字书名

076 谷川俊太郎《二十亿光年的孤独》1992年 三丽鸥 装帧·手绘字书名

077 泉镜花“亲子荞麦三人客”试作 2018年

078 “装丁”（为个展创作）2016年

079 “空气的音乐” （石版画作品）1992年制作 2016年重制

080 水牛乐团“环太平洋电脑音乐节”宣传单 1984年制作 2017年重制

081 伯纳德·帕利西《陶工帕利西的文艺复兴博物问答》1993年 晶文社 装帧

082 别役实《东京放浪记》2013年 平凡社 装帧 图：织田信生

083 “猿”（为个展创作/单字系列）2016年

084 小豆岛农村音乐节“风吹起来了”名称标识 2014年

085 “U”（为个展创作/单字系列）2016年

086 Patrick Tsai《潜水球》2016年 《上那只船》book 装帧 图：村上慧

087 “虎”（为个展创作/单字系列）2016年

088 双月刊小册子《IWATO》2008-2010年 IWATO剧场

089 桥本治《草薙之剑》2018年 新潮社 装帧

090 鹤见俊辅《读完的书到哪里去了》2002年 潮出版社 装帧

091 “脳”（为个展创作/单字系列）2016年

092 黑帐篷公演“窗边的大提琴手高修”宣传单及海报 2010年

093 “影”（为个展创作/单字系列）2016年

094 椎名诚《草的记忆》2007年 金曜日 装帧 图：渡边幸子

095 小林信彦《死胡同的假日》1980年 中央公论社 装帧·手绘字书名

096 “黒”（为个展创作）2018年

097 “可不可”（为个展创作）2016年

098 “野猫”瓷砖文字试作 2018年

099 小豆岛网络杂志《上那只船》书名标识 2016年

100 《平野甲贺100作》2018年 VOYAGER 电子书装帧

编辑说明

以书籍装帧设计和独特的“平野流”手绘字而闻名于世的日本平面设计师——平野甲贺，他出生于 1938 年，自 1957 年进入武藏野美术大学至今，一直从事钟爱的设计工作，从未停歇。本书收集了平野甲贺先生自 1972 年至 2018 年间，7000 余幅设计作品中精选出的 100 幅作品。同时记录他在进行设计创作时的思考以及对文字、设计与生活的理解。

这是平野甲贺著书的简体中文版的首版。在本书在编撰过程中，由于保留了作者自身母语的表达习惯，可能会使中国读者阅读不够流畅，特此表达歉意。

这本书的顺利出版得益于业界诸多同仁的帮助。特别是得到了吕敬人和姜庆共两位前辈的极力协助，才使之成为一本“可看”的好书。

谨此致谢！

《平野甲贺 100 作》编辑团队

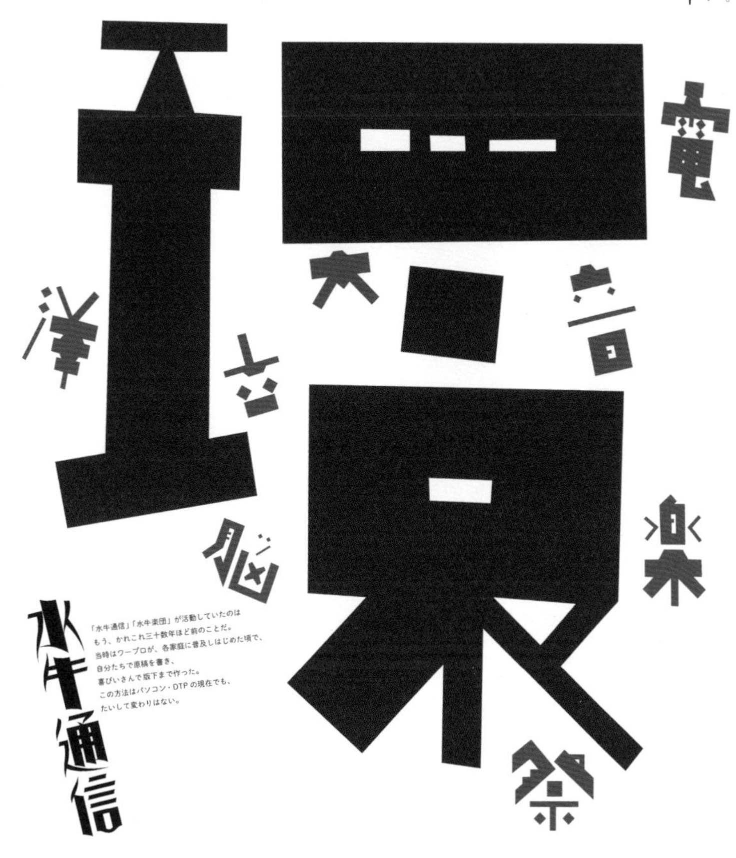
水牛通信
「水牛通信」「水牛楽団」が活動していたのは
もう、かれこれ三十数年ほど前のことだ。
当時はワープロが、各家庭に普及しはじめた頃で、
自分たちで原稿を書き、
喜びいさんで版下まで作った。
この方法はパソコン・DTPの現在でも、
たいして変わりはない。

08

在字体
和
手绘字之间

把书籍装帧重新印刷成平版的理由

从技术论的角度来说，我尽量避免完美无缺的设计。一旦做得至臻完美，便意味着就此完结。我先提交相对简约的作品，意在告诉大家还存在任意变更的可能性。实际上也许没有必要把精彩之处去掉，只要认定只能做成这样，并诚心诚意地提交出去的话，自然是最理想的。不过我所注重的，是要有一种态度或者说姿态，来表明“我不强烈抗拒改变”。

我尝试把以往设计的书籍装帧重新印刷成平版，是把书籍这种实用物品，转换为平版印刷品（艺术）这种非实用的物品，算是一种再利用。与书籍这种极具实用性的东西相比，平版印刷品是可有可无的。这些无用之物上印着书名和作者，告诉大家其实这是由书籍这种有用物品再生而成的。了解了这层关系，或许有人就会去书店看真正的书。所以把装帧印刷成平版并不是终点，我期待的是能从中产生出新的循环。

◤ 装帧重新印刷成平版
《艺术新潮》首刊 /《我的手绘字》